不同基质对抗生素及重金属污染土壤的修复研究

秦俊梅　著

中国农业出版社
北　京

图书在版编目（CIP）数据

不同基质对抗生素及重金属污染土壤的修复研究 / 秦俊梅著. -- 北京 ：中国农业出版社，2024. 9.
ISBN 978-7-109-32573-9

Ⅰ. X53

中国国家版本馆 CIP 数据核字第 2024PS2167 号

不同基质对抗生素及重金属污染土壤的修复研究
BUTONG JIZHI DUI KANGSHENGSU JI ZHONGJINSHU WURAN TURANG DE XIUFU YANJIU

中国农业出版社出版
地址：北京市朝阳区麦子店街 18 号楼
邮编：100125
责任编辑：赵　刚
版式设计：小荷博睿　　责任校对：吴丽婷
印刷：北京中兴印刷有限公司
版次：2024 年 9 月第 1 版
印次：2024 年 9 月北京第 1 次印刷
发行：新华书店北京发行所
开本：720mm×960mm　1/16
印张：12.5
字数：200 千字
定价：88.00 元

本书的研究工作得到山西省重点研发计划项目（201903D221015）、山西农业大学科技创新提升工程项目（CXGC202409）和校企合作项目（2023HX108）的支持

内容简介

本研究以土壤重金属、抗生素污染修复为出发点，一是通过盆栽试验，采用生物炭、菌糠和蚯蚓粪三种基质对土霉素、四环素单质污染土壤进行修复；二是从以上研究结果中选择一种修复效果最佳的基质进一步与苹果枝条、谷子秸秆生物炭对抗生素（土霉素）和重金属（镉）复合污染土壤进行修复；三是根据以上研究结果，从中选择一种修复效果最佳的生物炭对抗生素（四环素）和重金属（铜）复合污染土壤进行修复；四是通过田间验证试验探究生物炭对土壤理化性质、污染物四环素及铜的消减作用。本研究可为土壤重金属、抗生素污染治理技术的进步提供理论依据。

该书可供从事土壤学、环境科学、土壤污染修复等相关领域的科研工作者、研究生及本科生参考。

前　言

众所周知，重金属和抗生素在畜禽养殖业中具有预防细菌感染、促进动物生长的作用，因此常被用于饲料添加剂中，然而大部分重金属和抗生素不能被动物完全代谢，大量累积在畜禽粪便中。这些粪便常以有机肥的形式施入农田土壤，不仅影响土壤肥力和农作物的产量与品质，还会对土壤微生物群落造成巨大的自然选择压力，诱导耐药细菌的产生，促进抗生素抗性基因 Antibiotic resistance genes（ARGs）的水平转移，最终将通过食物链危害人类的健康。因此，深入研究土壤中抗生素、重金属的污染修复技术，可为制定有效的环境保护和治理策略提供科学依据。本人针对以上问题以及在前人研究的基础上，开展了土壤重金属和抗生素污染修复研究。

第 1 章着重介绍了环境中重金属及抗生素污染现状及修复的国内外研究进展。第 2 章探究了施用含四环素类抗生素鸡粪对玉米生长及其对品质的影响，本章研究发现抗生素可迁移至玉米植株根、茎、叶、籽粒部位及残留至土壤中，本研究为后续土壤抗生素污染修复研究提供了理论基础。第 3 章采用生物炭（玉米秸秆）、菌糠和蚯蚓粪三种基质对土壤和玉米中土霉素残留及玉米生长的影响进行研究，其结果发现三种基质中生物炭对土壤及玉米植株体中土霉素修复效果最佳，在此基础上进一步探究三种基质对四环素污染土壤的修复效果。第 4 章探究不同基质对四环素污染土壤理化性质及四环素向玉米植株体系迁移的影响，研究结果仍显示生物炭处理效果最佳。在此基础上，进一步了解玉米秸秆生物炭与其他生物炭及其改性对抗生素—重金属复合污染的修复影响差异。第 5 章分析生物炭（苹果枝条、玉米秸秆和谷子秸秆原生物炭及 H_3PO_4 改性生物炭）对土霉素—镉复合污染土壤微环境及小白菜生长的影响，结果表明谷子秸秆改性生物炭对土霉素—镉复合污染土壤修复作用最显著，在此基础上进一步探究谷子秸秆生物炭对四环素—铜复合污染土壤的修复效果。第6章分析谷子秸秆生物炭对四环素和铜复合污染土壤、生菜生长及其污染物累积的影响，其研究结果同第5章，均为改性生物炭处理效果最佳。以上研究均为盆栽试验。为探究生物炭对田间土壤理化性质及四环素、四环类抗性基因及铜消减作用的影响，第7章以果园土壤为研究对象开展了研究，结果表明，生物炭与有机肥配施，能够显著降低土壤重金属铜、四环类抗生素抗性基因丰度。

本书涉及的研究内容较多，工作量较大。为此特别感谢山西农业大学资源环境学院刘奋武教授对本研究的全程指导，感谢山西农业大学资源环境学院樊文华教授对本研究的技术指导，感谢山西农业大学资源环境学院侯庆杰、毕文龙、张键、乔星星、李旭伟、吕春娟、马祥爱、徐韶足、潘艳斐、栗丽、杨晨、裴广鹏、朱凯、倪月等老师给予的支持和帮助，感谢山西农业大学实验室冯两蕊、葛元英和张东方老师在样品监测方面给予的支持和帮助。另外，研究过程中熊华烨、宋建丽、姚三路、李嘉欣、郑晨格、裴欢欢、樊欣雨、孙波、田煜、仝振业、付鹏等研究生和罗靖锐、程晓梅、董慧馨、侯嘉璐、杨鹏飞、董海霞、王柯苏、王紫颖、常乐乐、介景格、刘智斌、崔国强、冯志鹏、赵思敏、岳煜梅、芦温心、苑冰鑫、高嘉辉、靳昱睿等本科生付出了辛苦的劳动，在此表示最诚挚的感谢。

作者近年来一直从事土壤抗生素、重金属污染修复的教学及科研工作，编写内容除了广泛收集了这一领域十几年来的研究成果，主要是对自己近几年研究工作的梳理，也是对课题组部分工作的总结回顾。由于本人对此研究的深度有限，未能全面展示课题组在此方面的研究成果，加上编写和修订的时间仓促，差错与不妥之处在所难免，敬请读者批评指正。

著　者

2024年9月

目　　录

第1章 研究概述

重金属和抗生素在畜禽养殖业中具有预防细菌感染、促进动物生长的作用，因此常被用作饲料添加剂，然而大部分重金属和抗生素不能被动物完全代谢，许多未被畜禽代谢的重金属和抗生素积累在畜禽粪便中。集约化畜牧业的规模化发展产生了大量的动物粪便，我国的畜禽粪便产量达到3.19亿t/年[1]，家禽粪便含有丰富的矿质元素和必需营养素（N、P和K）[2]，所以粪便常以有机肥的形式施用到农田土壤中。粪肥还田是治理畜禽粪便污染、提高农田肥力的有效途径，同时也是实现乡村振兴、落实“双碳”目标的重要举措[3,4]。但是，粪肥还田导致大量的重金属和抗生素进入土壤环境，进而影响土壤肥力和作物的产量与品质，还会对土壤微生物群落造成巨大的自然选择压力，诱导耐药细菌的产生，促进抗生素抗性基因（ARGs）的水平转移，最终将通过食物链危害人类的健康[5,6]。因此，迫切需要建立有关重金属抗生素复合污染土壤的缓解和修复技术。

1 环境中重金属、抗生素及抗生素抗性基因污染现状概述

1.1 环境中重金属污染现状

随着经济和社会的快速发展，农田土壤重金属污染已成为世界各国面临的主要环境问题之一。“重金属”是指密度大于5g·cm^{-1}的元素，即使浓度很低也会对人体造成危害[7]。农田生态系统中的重金属来源分为自然来源和人为来源，自然来源主要是成土母质中的重金属，人为来源主要是肥料、农药和灌溉用水及大气沉降等[8]。

我国土壤重金属污染严重，2014 年中国环境保护部和国土资源部发布的《全国土壤污染状况调查公报》结果显示，部分地区土壤污染严重，受重金属污染的耕地面积约占耕地总面积的 1/5，土壤中 As、Cd、Cr、Pb、Cu 和 Zn 的超标率分别为 2.7%、7.0%、1.1%、1.5%、2.1%和 0.9%[9]。中国大部分地区土壤重金属含量高于区域背景值，耕地和建设用地土壤中重金属含量较高，Cd 是土壤中污染最严重的重金属，超过 85%省域土壤 Cd 达到中度污染水平[10]。陕西省石泉县农田土壤中 Cr、Cu、Zn、As、Pb、Ni、Cd 和 Hg 的平均值分别为土壤背景值的 1.67、2.17、1.73、1.25、1.24、1.86、5.04 和 2.17 倍[11]。与有机物污染不同，土壤中的重金属具有稳定性，不能通过微生物或化学作用降解，这些污染物长期进入或滞留在土壤中，一旦超过土壤的自净能力，就会造成农田土壤污染。土壤中过量的重金属会降低土壤肥力，破坏土壤生态平衡，通过蛋白质变性或破坏细胞膜完整性来影响土壤微生物的生长、形态和代谢，从而影响土壤活性、土壤中微生物的群落结构、丰度和多样性[11,12]，严重时可使土壤失去生产能力，失去农业利用价值，导致作物产量和质量下降。

土壤中的重金属可被植物根系吸收并在体内运输，积累在植物的可食用部分，目前在粮食、蔬菜、水果中均检测到重金属，我国蔬菜中 Cd 含量较高，部分蔬菜的 Cd 含量超过国家食品安全标准[13]。重金属会对植物生长、生物量和光合作用产生负面影响，同时还会影响必需元素的积累和转运[14]。重金属还可通过食物链迁移进入人体，最终对人类健康和环境可持续性构成严重威胁[15]。长期食用含有重金属的食物会导致肺癌、皮肤病和肾功能障碍等疾病，并可能会对胆固醇水平、生育能力和免疫系统产生影响[16]。因此，人们越来越关注世界范围内的重金属污染问题，提出各种重金属污染土壤修复措施，以降低有毒金属的生物利用度和植物吸收量，最终实现食品的安全生产。

1.2 环境中抗生素污染现状

自 1929 年青霉素被发现以来，青霉素等抗生素在人和动物的疾病治疗方面发挥了重要作用，在动物饲养过程中添加兽用抗生素还可促进动物生长，提高饲料转化率[17]。中国已成为世界上最大的抗生素生产国之一，四环素类抗生素是生产和使用比例均较大的一类，据统计，我国每年约生产 2.1×10^5 t 抗生素，2020 年用于牲畜养殖（如牛、猪和家禽）的抗生素达 16 万 t[18,19]。最近的一项研究预测，如果没有政策干预，2030 年全球抗生素使用量可能比 2015 年高出 200%[20]。然而，这些抗生素大多不能被动物吸收，通常以具有生物活性的母体物质或代谢产物的形式被动物排出体外，四环素、林可胺类、大环内酯、氟喹诺酮类和磺胺类抗生素在动物体内的排泄率分别为 75%～80%、60%、50%～90%、90%和 80%～90%[21,22]。畜禽粪便中抗生素浓度一般在 $mg\cdot kg^{-1}$ 级水平，四环素类抗生素的浓度最高，猪粪、牛粪和禽粪中的平均浓度分别为 8.96、0.56 和 9.66 $mg\cdot kg^{-1}$[19]。

由于农畜产品中的抗生素残留，每年有 2.9×10^4～8.7×10^4 t 抗生素通过粪肥进入农田土壤，污水灌溉也会造成土壤抗生素积累[23]。据报道，中国部分土壤中金霉素残留量高达 1590 $\mu g\cdot kg^{-1}$[24]；华北地区农田土壤中金霉素、土霉素和四环素的平均浓度分别为 121.16、50.80 和 24.78 $\mu g\cdot kg^{-1}$[25]；银川市农田土壤中四环素类抗生素的平均值为 462.24 $\mu g\cdot kg^{-1}$，土霉素、四环素、金霉素和多西环素平均含量为 84.88、54.14、311.26 和 8.95 $\mu g\cdot kg^{-1}$[26]；徐州市蔬菜基地土壤中土霉素的质量分数高达 8400 $\mu g\cdot kg^{-1}$，平均值为 391.6 $\mu g\cdot kg^{-1}$[27]；辽宁地区土壤中的土霉素含量平均值为 609 $\mu g\cdot kg^{-1}$[24]。

土壤中残留的抗生素会以微生物为作用靶标，破坏土壤环境中的微生物群落，从而危害土壤生态安全[28]，降水、灌溉和其他人类活动也会使土壤吸附的抗生素进入地表水和地下水中。抗生素还可能通过破坏叶酸的合成来抑制植物的 DNA 甲基化，干扰叶绿体代谢（如光合作用过程和相关的蛋白质合成），增加植株中谷胱甘肽 S-转移酶和过氧化物酶活性从而影响植物生长[29-31]。许多地区蔬菜样品中都检测出了抗生素，珠江三角洲地区蔬菜样品中土霉素和金霉素的检出率分别为 33%和 9%，土霉素和金霉素的残留量高达 5.01 $\mu g\cdot kg^{-1}$ 和 2.63 $\mu g\cdot kg^{-1}$[32]；深圳市蔬菜样品中四环素的浓度范围为 ND～8.0 $\mu g\cdot kg^{-1}$[33]。通过食物摄取的抗生素会逐渐在人体内蓄积，对人体造成不良影响，如肝细胞氧化胁迫加重、人体菌群失调、内分泌紊乱、免疫功能紊乱、“三致”作用、关节疾病、对儿童牙齿发育的不利影响等，如果抗生素暴露剂量超过人体肠道菌群的最小选择剂量，还会促进抗性细菌的生长[34-36]。

1.3 环境中抗性基因污染现状

抗生素抗性基因（Antibiotic Resistance Genes，ARGs）是所有环境（如土壤、水、微生物）的自然组成部分[37]。然而，人类活动促进了ARGs的迁移和扩散，这使得它们成为一种新型污染物。ARGs已被世界卫生组织（WHO）列为21世纪全球最大的公共卫生问题之一。ARGs具有广泛性、传播性和持久性，可从环境中转移到人体，当细菌基因组中的多个ARGs同时出现在质粒上时，会形成具有多重耐药性的“超级细菌”，由于对新型药物的研发常处于滞后状态，导致受感染人群面临死亡的风险，并在全球范围内暴发。目前，每年至少有70万人死于耐药疾病[38]，如果不采取措施，估计到2050年，耐药感染造成的死亡可能增加到1 000万人[39]。

ARGs具有较高的移动性，主要有垂直基因转移和水平基因转移两种传播方式，垂直基因转移主要依靠抗性细菌自身繁殖，水平基因转移主要依靠整合子、质粒、转座子和噬菌体等可移动遗传原件，包括细菌之间的质粒接合转移、噬菌体介导的转导作用及细菌直接摄取裸露DNA从而获得ARGs的自然转化作用[40]。

ARGs在土壤环境中普遍存在，我国农田土壤中四环素类抗性基因的相对丰度范围为$10^{-8}\sim 10^{-2}$，且 *tetM*>*tetW*>*tetQ*>*tetO*>*tetT*[41]。土壤中ARGs丰度与抗生素残留、重金属、环境参数（全氮、全磷、铵态氮、有机物、pH等）、土地利用管理和土壤类型密切相关[42]。土壤中抗性基因来源广泛，主要分为内部来源和外来输入，内部来源主要是指土壤微生物为了适应自然进化而存在的内在抗性；外部来源主要包括粪便、污水污泥的施用及再生的废水灌溉[37,43,44]。动物粪便和污泥作为肥料施用到土壤时可直接将ARGs引入到农田中，此外，动物粪便和污泥本身携带的ARGs容易通过水平转移激活土壤细菌群落中的抗生素敏感细菌，从而促进ARGs的传播；动物粪便和污泥增加了农业生态系统中养分和有机质的输入，为携带ARGs

耐药菌的增殖提供了必要的养分[45,46]。

ARGs 的水平转移不仅可能发生在肥料细菌与原生土壤细菌之间，也可能发生在根、茎、叶和果实中的内生细菌之间[47]。根际携带 ARGs 的植物内生菌可以通过运输营养物质（水、无机盐、有机营养物质）的维管系统向上迁移到地上部；此外携带 ARGs 的细菌可以附着在气生叶表面，通过叶内生菌的形式在叶片组织中生存[48]。

1.4　环境中重金属、抗生素复合污染现状

环境中的污染物多样而复杂，农田土壤普遍存在重金属和抗生素复合污染的现象。最近的一项土壤调查表明，长期施用有机肥土壤重金属中 Zn、Cu、Cd 的浓度范围分别为 89～365、73～185、0.19～0.25mg・kg^{-1}，金霉素、土霉素和四环素的浓度范围分别为 247～460、38～41 和 18～40μg・kg^{-1}[49]。与传统污染物相比，复合污染土壤的修复难度更大。

抗生素的官能团可以与重金属离子（如 Cu^{2+} 和 Cd^{2+} 等）发生络合作用，影响其生物利用度、抗生素的生物转化、微生物群落结构和功能[50]，从而改变各自的环境行为，比如四环素与重金属共存可增加土壤对两者的吸附[51]。相比于单一污染，重金属抗生素的作用机制更为复杂，主要表现为协同、拮抗及加和作用，其环境行为与污染物种类、浓度及暴露时间密切相关[52]。Yang 等[50]研究发现恩诺沙星和 Cu 复合污染可显著抑制土壤酶活性和微生物生物量，且抑制效果高于单一污染，其他学者对四环素和 Cu、强力霉素和 Cu 单一及复合污染对土壤酶活的影响进行了探究，也有类似发现[53,54]。抗生素和重金属复合污染还可以影响植物的生长及植物对抗生素和重金属的积累。Zhou 等[55]研究了磺胺二甲嘧啶和 Cd 单一及复合污染对小白菜生长的影响，结果发现 10mg・kg^{-1}磺胺二甲嘧啶与 1mg・kg^{-1}Cd 复合胁迫对小白菜内 Cd 的含量表现为拮抗效应，而与 10mg・kg^{-1}Cd 复合胁迫则表现为协同效应，同时对小白菜内的糖、维生素 C 含量也表现出协同效应。此外，土壤中重金属与抗生素复合污染可能会造成更大的自然选择压力，促进耐药细菌的传播，影响 ARGs 的表达，有研究发现重金属的加入可提高 OTC 污染土壤中 ARGs 和 *intI*1 的丰度[56]。

2 重金属、抗生素及抗性基因污染土壤修复措施

2.1 物理法

2.1.1 热处理

土壤热处理是通过直接或间接加热的方法，将沸点较低的污染物从土壤中分离出来，该方法具有处理周期短、效率高、安全性高、无二次污染等优点。有研究发现，污染土壤在进行热处理修复后，Hg和四环素类抗生素的去除率分别达到了70%和98%[57,58]。但是，热处理法具有能耗高、设备昂贵等缺点，且高温处理可能会影响土壤理化性质。

2.1.2 换土法

换土法是指用大量未受污染的土壤与受污染的土壤表面混合或覆盖，能有效稀释污染物浓度，提高土壤环境容量。在对重金属污染菜地土壤进行换土修复后，蔬菜和土壤质量均会有明显改善[59]。但是该技术工作量大，成本高，仅适用于面积小、污染浅的土壤。此外，被清除的污染土壤往往列入危险废物的范畴，需要昂贵的方法进一步处理和处置。

2.2 化学法

2.2.1 土壤淋洗

土壤淋洗技术是通过溶解、络合、吸附、静电作用、离子交换和氧化还原等作用，将污染物转移到淋洗液中，达到减少土壤污染物总量的目的。有研究表明用水溶性淋洗剂将污染土壤2次淋洗后，土壤中的Cu降低了64.7%，Pb降低了60.3%，ARGs的相对丰度下降了7～8个数量级，同时淋洗后的土壤未检测到四环素和磺胺嘧啶（四环素和磺胺嘧啶初始浓度分别为62.5mg·kg^{-1}和18.9mg·kg^{-1}）[60]。常用的淋洗液主要有无机化合物（酸、碱、盐等）、有机螯合剂（乙二胺四乙酸、二乙烯三胺五乙酸等）、合成表面活性剂、小分子有机酸（柠檬酸、酒石酸和草酸等）、生物质提取物、生物表面活性剂及环糊精等。由于土壤是一个复杂的体系，所以土壤质地、pH、有机质含量、污染物类型、重金属存在形式、浸出剂类型、浸出浓度、浸出时间、固液比等都会对土壤淋洗产生影响[61]。土壤淋洗具有成本低、

效率高、操作简单等优点，但在淋洗过程中可能造成养分的流失。

2.2.2　固化/稳定化技术

固化/稳定化技术通常是将受污染的土壤与修复材料混合来降低污染物的流动性，有些修复材料还可促进有机污染物的降解。常用的修复材料主要有无机材料（黏土矿物、石灰、磷酸盐、金属氧化物、工业废物等）和有机材料（生物炭、堆肥、污泥和有机废弃物等）。该技术具有操作简单、成本低、环境友好、能同时处理多种污染物等优点。Wang 等[62]运用鸟粪石-沸石复合材料修复四环素、Cu 复合污染土壤，结果发现有效态 Cu 和有效态四环素分别下降了 73.0%和 71.3%，ARGs 相对丰度下降了 76.2%～80.3%；Li 等[63]将负载 Fe^0/FeS_x 的高炉矿渣以 3%的比例应用于土霉素、Cr 复合污染土壤，结果发现 49d 后，土壤中有效态 Cr 下降了 60%，*tetG*、*tetW*、*ermB*、*ermQ*、*sul*1、*sul*2 和 *intl*1 的绝对丰度分别减少了 50.07%、39.94%、66.83%、46.58%、30.26%、39.74%和 46.32%；而土壤中未检测出土霉素；然而，当土壤环境（例如 pH 和含水量）发生变化时，土壤中化学性质稳定的重金属可能被再次释放出来[64]。

2.2.3　电动修复技术

电动修复技术是将电极插入受污染的土壤中，利用土壤水分或者外加电解液（乙酸、柠檬酸、酒石酸、腐殖酸、柠檬酸和乙烯胺四乙酸等）作为导电介质，通过电泳、电渗透和电迁等方式将土壤中的污染物运输到电极两端，电化学氧化诱导的氧化还原反应也能有效去除土壤中的有机污染物[65]。富集在电极上的污染物可以通过电镀、吸附、共沉淀、在电极附近抽水或与离子交换树脂络合的方法去除，具有低能耗、环境友好、可控性强、能同时去除多种污染物等优点。有研究发现，As 四环素复合污染土壤电动修复 7d 后，总 As 和有效 As 含量分别下降了 12.5%～16.0%和 25.2%～41.4%，土霉素残留量下降了 19.6%～46.7%，ARGs 相对丰度下降了 30.7%～33.3%，其中电场作用对抗生素降解的贡献率为 33.9%，然而，在电动修复过程中，电极本身会被消耗，导致重复使用时对污染物去除率降低，同时阴极会产生 OH^-，阳极会产生 H^+，这可能导致电极附近土壤酸化和碱化[66]。

2.3 生物法

2.3.1 植物修复

植物修复是利用植物来降低环境中污染物的浓度或毒性，通常分为植物转化、植物挥发、植物稳定化和植物提取。植物从土壤中吸收污染物后，主要通过 2 种方式代谢转化或分解污染物，一种是通过木质化作用将污染物吸收并储存在新的植物组织中，或者分解为二氧化碳和水，转化为毒性较低的形式；另一种利用植物产生的酶分解污染物[67]。植物挥发是植物通过根系吸收土壤中的重金属，然后将其转化为挥发性物质，通过气孔释放到大气中，如 As、Se、Hg 等污染物能被植物吸收，在植物体内转换为毒性较小的亚砷酸盐和砷酸盐、二甲基化硒、气态汞[68]。植物稳定化是指植物根系分泌物通过分解、螯合、氧化还原等过程将污染物固定在土壤中，降低重金属的毒性[69]，如土壤中的 Cd、Pb 能与根系分泌物中的甘氨酸发生络合作用，降低 Cd、Pb 的生物有效性[70]。植物提取是指利用超积累植物将污染物富集在植物体内，最后将富集污染物的植物收获，东南景天、伴矿景天、藿香蓟、龙葵、黑麦草和芥菜等是常见的超积累植物[71-75]。有研究发现，重金属抗生素复合污染土壤经伴矿景天修复后，重金属（Zn、Cd 和 Pb）、四环素类抗生素（四环素、土霉素和多西环素）、磺胺类抗生素（磺胺甲恶唑、磺胺间甲氧嘧啶、磺胺对甲氧嘧啶）和喹诺酮类抗生素（氧氟沙星和恩诺沙星）含量均显著降低[74]。

2.3.2 动物修复

动物修复是利用土壤中的动物（如鼠类、蚯蚓、线虫、甲螨、节肢动物等）来吸收、降解或转移土壤中的污染物。蚯蚓作为土壤中的生物量最大的动物，被誉为“生态工程师”，可以摄取或通过皮肤吸收土壤中的污染物，也通过改变土壤微生物群落结构、土壤理化性质促进污染物的去除，在土壤修复领域受到了广泛关注[76,77]。杨思德等[78]发现在金霉素污染土壤中添加蚯蚓可提高土壤酶及优势菌门的丰度，并促进金霉素的降解；何文程等[79]发现抗生素污染土壤经过蚯蚓修复后，土壤、植物体内抗生素含量及 ARGs 丰度显著降低。

2.3.3 微生物修复

微生物修复技术是指微生物（细菌、真菌、放线菌等）通过生物吸附、细胞内积累、酶催化转化、生物浸出和生物矿化等作用修复污染土壤[80]。微生物细胞壁由多糖、脂质和蛋白质组成，含有羧酸、羟基、氨基和磷酸盐等官能团，可以与污染物结合[81]，有些微生物还可将污染物转化为易挥发状态。例如，耐汞细菌可以利用 MerA 酶将 Hg（II）还原为 Hg（0）[82]。但在实际修复过程中，微生物活性受土壤 pH、水分、温度等多种环境因素以及和土著微生物生态位竞争的影响，因此，常将微生物负载在生物炭、海藻酸钠等载体上来提高微生物的定殖能力[83,84]。尽管近年来微生物修复技术受到广泛关注，但由于土壤环境的复杂性，大多数关于土壤微生物的修复研究仍在实验室进行。

3 研究意义、内容和创新点

3.1 研究意义

目前，重金属和抗生素复合污染已经成为当今备受瞩目的环境问题之一，其污染治理迫在眉睫。2019 年，农业农村部贯彻落实中央农村工作会议、中央 1 号文件和全国两会精神，围绕实施乡村振兴战略中也明确指出："果菜茶有机肥替代化肥行动、农作物秸秆综合利用试点、畜禽粪污资源化处理"等技术措施。大量的农业废弃物被丢弃或被焚烧，不仅浪费资源、还污染了环境。为此，本项目以科技为支撑，将农业废弃物资源化利用与重金属—抗生素复合污染的修复防治相结合，对于改善生态环境、带动区域经济健康可持续发展具有重要意义。

3.2 研究内容

本研究以土壤重金属、抗生素污染修复为出发点，首先，采用盆栽试验，选用生物炭、菌糠和蚯蚓粪三种基质对土霉素、四环素单质污染土壤进行修复；其次，从以上研究结果中选择一种修复效果最佳基质进一步与苹果枝条、谷子秸秆生物炭对重金属和抗生素复合污染土壤进行修复；再者，根据研究结果，继续从中选择一种修复效果最佳的生物炭进行田间验证试验；

最终，探究生物炭对果园土壤理化性质及污染物四环素及铜的消减作用。具体研究内容如下：

（1）分析四环素类抗生素（四环素、土霉素和金霉素）在玉米植株各部位的迁移、分布特点，及其施用含四环素类抗生素鸡粪对玉米生长及其品质的影响。

（2）探究不同基质（生物炭、菌糠、蚯蚓粪）对污染土壤玉米生长及其土霉素在土壤—植物体系中的残留及迁移特征。

（3）研究不同基质（生物炭、菌糠、蚯蚓粪）对四环素污染土壤理化性质及四环素向玉米体系迁移的影响。

（4）探讨不同生物炭（苹果枝条、玉米秸秆和谷子秸秆生物炭及 H_3PO_4 改性生物炭）对土霉素—镉复合污染土壤理化性质、土壤微生物群落及其土霉素、镉和四环素类抗性基因在土壤和植物体残留特征的影响。

（5）探究谷子原生物炭及其 H_3PO_4 改性生物炭对四环素和铜复合污染土壤酶活性及四环素、铜和四环素类抗性基因含量的影响，同时分析生物炭及改性对生菜生物量、品质、抗逆性及生菜中四环素、铜和抗性基因含量的影响。

（6）研究有机肥及生物炭配施（不同投加量）对果园土壤理化性质及污染物四环素、四环类抗性基因及铜的消减作用。

3.3 研究的创新点

（1）针对农田土壤中抗生素—重金属复合污染存在的现象，采用生物炭材料进行阻控研究，为土壤中重金属和抗生素复合污染治理技术的进步提供技术理论依据。

（2）本研究以苹果枝条、玉米秸秆和谷子秸秆三种生物炭为研究对象，对于加深农业废弃物的资源化利用程度及土壤污染修复工作具有一定的应用价值。

（3）为有效提高生物炭对土壤污染修复效果，本研究对苹果枝条、玉米秸秆和谷子秸秆三种生物炭进行了 H_3PO_4 改性，为改性生物炭提供新的应用前景。

参考文献

[1] Li Y, Wang X, Li J, et al. Effects of struvite - humic acid loadedbiochar/bentonite composite amendment on Zn (II) and antibiotic resistance genes in manure - soil [J]. Chem. Eng. J., 2019 (375): 122013.

[2] Zhang Z, Dong X, Wang S, et al. Benefits of organic manure combined with biochar amendments to cotton root growth and yield under continuous cropping systems in Xinjiang, China [J]. Sci. Rep., 2020, 10 (1): 4718.

[3] Peng H, Chen Y, Weng L, et al. Comparisons of heavy metal input inventory in agricultural soils in North and South China: A review [J]. Sci. Total Environ., 2019 (660): 776 - 786.

[4] Kabelitz T, Ammon C, Funk R, et al. Functional relationship of particulate matter (PM) emissions, animal species, and moisture content during manure application [J]. Environ. Int., 2020, 143: 105577.

[5] 陈晨，郭雪雁，王萌，等. 基于体外模拟法评价蔬菜中Cd的健康风险与污染土壤修复效果 [J]. 农业资源与环境学报，2020，37 (1)：144 - 150.

[6] 赵方园，杨新瑶，陈芳敏，等. 抗性DNA在水土环境中的迁移归趋与水平转移 [J]. 环境化学，2018，37 (8)：1804 - 1819.

[7] Dhaliwal S S, Singh J, Taneja P K, et al. Remediation techniques for removal of heavy metals from the soil contaminated through different sources: a review [J]. Environ. Sci. Pollut. Res., 2020, 27 (2): 1319 - 1333.

[8] Hou Q, Yang Z, Ji J, et al. Annual net input fluxes of heavy metals of the agro - ecosystem in the Yangtze River delta, China [J]. J. Geochem. Explor., 2014 (139): 68 - 84.

[9] 中华人民共和国环境保护部. 全国土壤污染状况调查公报 [J]. 2014 - 4 - 17: http://www.zhb.gov.cn/gkml/hbb/qt/201404/t20140417_20270670.htm.

[10] 石航源，王鹏，郑家桐，等. 中国省域土壤重金属空间分布特征及分区管控对策 [J]. 环境科学，2023，44 (8)：4706 - 4716.

[11] Wei M, Pan A, Ma R, et al. Distribution characteristics, source analysis and health risk assessment of heavy metals in farmland soil in Shiquan County, Shaanxi Province [J]. Process Saf. Environ. Prot., 2023 (171): 225 - 237.

[12] Wang M, Faber J H, Chen W. Application of stress index in evaluating toxicological response of soil microbial community to contaminants in soils [J]. Ecol. Indic., 2017

(75)：118－125.

[13] Fang H，Li W，Tu S，et al. Differences in cadmium absorption by 71 leaf vegetable varieties from different families and genera and their health risk assessment [J]. Ecotoxicol. Environ. Saf.，2019 (184)：109593.

[14] Adrees M，Ali S，Rizwan M，et al. Mechanisms of silicon－mediated alleviation of heavy metal toxicity in plants：A review [J]. Ecotoxicol. Environ. Saf.，2015 (119)：186－197.

[15] Zhao S，Meng Z，Fan X，et al. Removal of heavy metals from soil by vermiculite supported layered double hydroxides with three－dimensional hierarchical structure [J]. Chem. Eng. J.，2020 (390)：124554.

[16] Su C，Wang J，Chen Z，et al. Sources and health risks of heavy metals in soils and vegetables from intensive human intervention areas in South China [J]. Sci. Total Environ.，2023 (857)：159389.

[17] 曹胜男，梁玉婷，易良银，等. 施粪肥土壤中抗生素的提取条件优化及残留特征 [J]. 环境工程学报，2017，11 (11)：6169－6176.

[18] 王瑞，魏源送. 畜禽粪便中残留四环素类抗生素和重金属的污染特征及其控制 [J]. 农业环境科学学报，2013，9 (9)：1705－1719.

[19] Yang L，Si B，Tan X，et al. Valorization of livestock manure for bioenergy production：A perspective on the fates and conversion of antibiotics [J]. Resour.，Conserv. Recycl.，2022 (183)：106352.

[20] Klein EY，Van Boeckel TP，Martinez EM，et al. Global increase and geographic convergence in antibiotic consumption between 2000 and 2015 [J]. Proc. Natl. Acad. Sci.，2018，115 (15)：3463－3470.

[21] Quaik S，Embrandiri A，Balasubramani R，et al. Veterinary antibiotics in animal manure and manure laden soil：Scenario and challenges in Asian countries [J]. J. King Saud Univ.，Sci.，2019 (32)：1300－1305.

[22] Jechalke S，Heuer H，Siemens J，et al. Fate and effects of veterinary antibiotics in soil [J]. Trends Microbiol.，2014，22 (9)：536－545.

[23] Zhao L，Dong Y H，Wang H. Residues of veterinary antibiotics in manures from feedlot livestock in eight provinces of China [J]. Sci. Total Environ.，2010，408 (5)：1069－1075.

[24] Lyu J，Yang L，Zhang L，et al. Antibiotics in soil and water in China－a systematic review and source analysis [J]. Environ. Pollut.，2020 (266)：115147.

[25] Yu X，Zhang X，Chen J，et al. Source，occurrence and risks of twenty antibiotics in

vegetables and soils from facility agriculture through fixed - point monitoring and numerical simulation [J]. J. Environ. Manage. 2022 (319): 115652.
[26] 张小红，陶红，王亚娟，等．银川市农田土壤中四环素类抗生素的污染特征及生态风险评估 [J]. 环境科学，2021，42 (10)：4933 - 4941.
[27] Zhang H，Zhou Y，Huang Y，et al. Residues and risks of veterinary antibiotics in protected vegetable soils following application of different manures [J]. Chemosphere，2016 (152)：229 - 237.
[28] 王冉，刘铁铮，耿志明，等．兽药磺胺二甲嘧啶在土壤中的生态行为 [J]. 土壤学报，2007，44 (2)：307 - 311.
[29] Zhang H，Deng X，Miki D，et al. Sulfamethazine Suppresses Epigenetic Silencing in Arabidopsis by Impairing Folate Synthesis [J]. The Plant Cell.，2012，24 (3)：1230 - 1241.
[30] Magdaleno A，Saenz ME，Juárez AB，et al. Effects of six antibiotics and their binary mixtures on growth of Pseudokirchneriella subcapitata [J]. Ecotoxicol. Environ. Saf.，2015 (113)：72 - 78.
[31] Farkas MH，Berry JO，Aga DS. Chlortetracycline Detoxification in Maize via Induction of Glutathione S - Transferases after Antibiotic Exposure [J]. Environ. Sci. Technol.，2007，41 (4)：1450 - 1456.
[32] Gu J，Chen C，Huang X，et al. Occurrence and risk assessment of tetracycline antibiotics in soils and vegetables from vegetable fields in Pearl River Delta，South China [J]. Sci. Total Environ.，2021 (776)：145959.
[33] Ben Y，Hu M，Zhong F，et al. Human daily dietary intakes of antibiotic residues：Dominant sources and health risks [J]. Environ. Res.，2022 (212)：113387.
[34] 刘娣．土壤—蔬菜系统中四环素类抗生素迁移积累与污染的细胞诊断方法 [D]. 浙江大学，2017.
[35] 龙彩虹．文献计量导向下的武汉居民经动物源性食品暴露磺胺类抗生素的评估 [D]. 南华大学，2018.
[36] Xu L，Zhang H，Xiong P，et al. Occurrence，fate，and risk assessment of typical tetracycline antibiotics in the aquatic environment：A review [J]. Sci. Total Environ.，2021 (753)：141975.
[37] 崔二苹，高峰，陈红，等．再生水利用对环境中抗生素抗性基因影响的研究进展 [J]. 灌溉排水学报，2017，36 (2)：32 - 38.
[38] World Health Organization. New report calls for urgent action to avert antimicrobial resistance crisis [R]. 2019.

[39] Brown E D，Wright G D. Antibacterial drug discovery in the resistance era [J]. Nature，2016，529 (7586)：336 - 343.

[40] 王健，贲伟伟，强志民，等．我国养猪业废弃物中四环素类、磺胺类抗生素及相关抗性基因污染研究进展 [J]. 生态毒理学报，2015，10 (5)：2 - 10.

[41] Zhou Y，Niu L，Zhu S，et al. Occurrence，abundance，and distribution of sulfonamide and tetracycline resistance genes in agricultural soils across China [J]. Sci. Total Environ. ,2017 (599 - 600)：1977 - 1983.

[42] Zhao W，Wang B，Yu G. Antibiotic resistance genes in China：occurrence，risk，and correlation among different parameters [J]. Environ. Sci. Pollut. Res.，2018，25 (22)：21467 - 21482.

[43] 韩秉君，沈仕洲，杨凤霞，等．不同施肥模式对洱海流域稻田土壤中耐药基因污染的影响 [J]. 农业环境科学学报，2021，40 (11)：2503 - 2512.

[44] Urra J，Alkorta I，Mijangos I，et al. Application of sewage sludge to agricultural soil increases the abundance of antibiotic resistance genes without altering the composition of prokaryotic communities [J]. Sci. Total Environ.，2019 (647)：1410 - 1420.

[45] Shawver S，Wepking C，Ishii S，et al. Application of manure from cattle administered antibiotics has sustained multi - year impacts on soil resistome and microbial community structure [J]. Soil Biol. Biochem.，2021 (157)：108252.

[46] Zhou L，Li S，Li F. Damage and elimination of soil and water antibiotic and heavy metal pollution caused by livestock husbandry [J]. Environ. Res.，2022 (215)：114188.

[47] Mei Z，Xiang L，Wang F，et al. Bioaccumulation of Manure - borne antibiotic resistance genes in carrot and its exposure assessment [J]. Environ. Int.，2021 (157)：106830.

[48] Zhang Y，Hu H，Chen Q，et al. Transfer of antibiotic resistance from manure - amended soils to vegetable microbiomes [J]. Environ. Int.，2019 (130)：104912.

[49] Guo T，Lou C，Zhai W，et al. Increased occurrence of heavy metals，antibiotics and resistance genes in surface soil after long - term application of manure [J]. Sci. Total Environ.，2018 (635)：995 - 1003.

[50] Yang R，Wang J，Zhu L，et al. Effects of interaction between enrofloxacin and copper on soil enzyme activity and evaluation of comprehensive toxicity [J]. Chemosphere，2021 (268)：129208.

[51] Zhao Y，Tan Y，Guo Y，et al. Interactions of tetracycline with Cd (II)，Cu (II) and Pb (II) and their cosorption behavior in soils [J]. Environ. Pollut.，2013 (180)：206 - 213.

[52] 李明珠，廖强，董远鹏，等．铜和磺胺嘧啶复合污染对土壤酶活性及微生物群落功能

多样性的影响 [J]. 土壤，2020，52 (5)：987 - 993.

[53] Keshiknevisrazavi S，Fotovat A，Khorassani R，et al. Effects of methanol - activated biochar on tetracycline concentration and soil microbial activities in the presence of copper [J]. Int. J. Environ. Sci. Technol，2022，19 (11)：11103 - 11116.

[54] 陈欣瑶，肖祖飞，祝妍华，等．铜和强力霉素复合污染对土壤微生物与酶活性的影响 [J]. 土壤学报，2021，58 (4)：957 - 967.

[55] Zhou C，Ma Q，Li S，et al. Toxicological effects of single and joint sulfamethazine and cadmium stress in soil on pakchoi (Brassica chinensis L.) [J]. Chemosphere，2021 (263)：128296.

[56] Guo H，Xue S，Nasir M，et al. Impacts of cadmium addition on the alteration of microbial community and transport of antibiotic resistance genes in oxytetracycline contaminated soil [J]. J. Environ. Sci.，2021 (99)：51 - 58.

[57] Zhao T，Yu Z，Zhang J，et al. Low - thermal remediation of mercury - contaminated soil and cultivation of treated soil [J]. Environ. Sci. Pollut. Res.，2018，25 (24)：24135 - 24142.

[58] Zhan L，Xia Z，Xu Z，et al. Study on the remediation of tetracycline antibiotics and roxarsone contaminated soil [J]. Environ. Pollut.，2021 (271)：116312.

[59] Douay F，Pruvot C，Roussel H，et al. Contamination of Urban Soils in an Area of Northern France Polluted by Dust Emissions of Two Smelters [J]. Water，Air，Soil Pollut.，2008，188 (1)：247 - 260.

[60] Ye M，Sun M，Wan J，et al. Feasibility of an enhanced washing process to extract PBDEs/heavy metals/antibiotics from antibiotic resistance gene - affected soil with aqueous DNA followed by microbial augmentation [J]. J. Soils Sediments，2016，16 (3)：954 - 965.

[61] Zhu Z，Wang J，Liu X，et al. Comparative study on washing effects of different washing agents and conditions on heavy metal contaminated soil [J]. Surf. Interfaces，2021 (27)：101563.

[62] Wang Y，Wang X，Li Y，et al. Effects of struvite - loaded zeolite amendment on the fate of copper，tetracycline and antibiotic resistance genes in microplastic - contaminated soil [J]. Chem. Eng. J.，2022 (430)：130478.

[63] Li Y，Deng M，Wang X，et al. In - situ remediation of oxytetracycline and Cr (VI) co - contaminated soil and groundwater by using blast furnace slag - supported nanosized Fe^0/FeS_x [J]. Chem. Eng. J.，2021 (412)：128706.

[64] Xu D M，Fu R B，Wang J X，et al. Chemical stabilization remediation for heavy metals

in contaminated soils on the latest decade: Available stabilizing materials and associated evaluation methods - A critical review [J]. J. Cleaner Prod., 2021 (321): 128730.

[65] 尹静玄，王平，徐海音，等．耐镉细菌联合电动技术修复镉污染土壤的研究 [J]. 环境科学学报，2020，40 (6)：2212 - 2219.

[66] 颜加情，周书葵，段毅，等．电动-淋洗联合修复重金属污染土壤研究进展 [J]. 应用化工，2022，51 (12)：3634 - 3640.

[67] 王亚男，程立娟，周启星．植物修复石油烃污染土壤的机制 [J]. 生态学杂志，2016，35 (4)：1080 - 1088.

[68] 方治国，杨青，谢俊婷，等．重金属污染土壤植物修复中细胞分裂素的作用与机制 [J]. 生态学报，2022，42 (8)：3056 - 3065.

[69] 仲灿，葛晓敏，倪云，等．植物对土壤 Cd、Pb 污染的修复与抗性机理研究进展 [J]. 世界林业研究，2017，30 (1)：37 - 43.

[70] Zhang Y, He S, Zhang Z, et al. Glycine transformation induces repartition of cadmium and lead in soil constituents [J]. Environ. Pollut., 2019 (251): 930 - 937.

[71] Cui E, Cui B, Fan X, et al. Ryegrass (Lolium multiflorum L.) and Indian mustard (Brassica juncea L.) intercropping can improve the phytoremediation of antibiotics and antibiotic resistance genes but not heavy metals [J]. Sci. Total Environ., 2021 (784): 147093.

[72] 张云霞，宋波，宾娟，等．超富集植物藿香蓟 (Ageratum conyzoides L.) 对镉污染农田的修复潜力 [J]. 环境科学，2019，40 (5)：2453 - 2459.

[73] 杨晓远，王海娟，王宏镔．龙葵 (Solanum nigrum L.) 超富集镉的生理和分子机制研究进展 [J]. 生态毒理学报，2020，15 (6)：72 - 81.

[74] 周显勇，刘鸿雁，刘艳萍，等．植物修复重金属和抗生素复合污染土壤微生物数量和酶活性的变化 [J]. 农业环境科学学报，2019，38 (6)：1248 - 1255.

[75] 龚定芳，赵萍萍，胡忆，等．外源 8′-炔基脱落酸强化东南景天吸收重金属的研究 [J]. 环境科学学报，2020，40 (12)：4540 - 4547.

[76] 刘翔宇．外源添加剂对蚯蚓修复 Cd 污染土壤效果研究 [D]. 西北农林科技大学，2021.

[77] Zhang Y, Song K, Zhang J, et al. Removal of sulfamethoxazole and antibiotic resistance genes in paddy soil by earthworms (Pheretima guillelmi): Intestinal detoxification and stimulation of indigenous soil bacteria [J]. Sci. Total Environ., 2022 (851): 158075.

[78] 杨思德，常兴平，潘政，等．蚯蚓对金霉素污染土壤酶活性和微生物群落的影响 [J]. 农业环境科学学报，2021，40 (6)：1268 - 1280.

[79] 何文程，陈明龙，史鑫成，等．蚯蚓对土壤-植物系统中抗性基因的影响 [J]. 环境科

学与技术，2022，45 (5)：92 - 98.
[80] 杨海，黄新，林子增，等．重金属污染土壤微生物修复技术研究进展 [J]. 应用化工，2019，48 (6)：1417 - 1422.
[81] 高源，张娅，刘凌霄，等．黔中白云岩风化壳稀土层可培养放线菌多样性及吸附 La (Ⅲ) 特性研究 [J]. 环境科学学报，2022，42 (11)：245 - 256.
[82] 刘悦，王灿，刘红昌，等．汞的赋存形态及微生物转化研究进展 [J]. 应用与环境生物学报，2022，28 (6)：1653 - 1662.
[83] 戚鑫，陈晓明，肖诗琦，等．生物炭固定化微生物对 U、Cd 污染土壤的原位钝化修复 [J]. 农业环境科学学报，2018，37 (8)：1683 - 1689.
[84] Shi X，Zhou G，Liao S，et al. Immobilization of cadmium by immobilized Alishewanella sp. WH16 - 1 with alginate - lotus seed pods in pot experiments of Cd - contaminated paddy soil [J]. J. Hazard. Mater.，2018 (357)：431 - 439.

第2章　施用含四环素类抗生素鸡粪对玉米生长的影响及其残留特征

1　研究内容[1]

以含四环素类抗生素鸡粪为研究对象，选用玉米为试验作物，分析四环素类抗生素（四环素、土霉素和金霉素）在玉米植株各部位的迁移、分布特点，研究施用含四环素类抗生素鸡粪对玉米生长及其对品质的影响。

2　试验设计

盆栽试验于2016年4月12日在山西农业大学资源环境学院温室大棚（37°25′24.23″，112°34′33.66″）进行，供试土壤为石灰性褐土，采自山西省太谷县农田耕层土壤（0～20cm），土壤的基本理化性状为：pH 8.61，阳离子交换量为11.23 cmol·kg^{-1}，有机质量为36.4mg·kg^{-1}，碱解氮量为32.62mg·kg^{-1}，有效磷量为28.88mg·kg^{-1}，有效钾量为150.80mg·kg^{-1}，土壤机械组成为黏粒（＜0.001mm）占47.8%、粉粒（0.001～0.01mm）占34.6%、砂粒（＞0.01mm）占17.6%。盆栽试验设计为二因素三水平，鸡粪添加种类为Ⅰ、Ⅱ（鸡粪Ⅰ为鸡饲料中未加入四环素、土霉素和金霉素排出的鸡粪，鸡粪中抗生素来自加工饲料的原材料中；鸡粪Ⅱ为在鸡饲料中人为加入兽药四环素、土霉素和金霉素排出的鸡粪，鸡饲料中四环素、土霉素和金霉素的添加量参考兽药手册[2]），鸡粪添加量为6.4、12.8、25.6g·kg^{-1}，共计7个处理，分别为：T1处理为添加鸡粪Ⅰ6.4g·kg^{-1}，T2处理为添加鸡粪Ⅱ 6.4g·kg^{-1}，T3处理为添加鸡粪Ⅰ 12.8mg·kg^{-1}，T4处理为添加鸡粪Ⅱ 12.8g·kg^{-1}，T5处理为添加鸡粪Ⅰ 25.6g·kg^{-1}，T6处理为添加鸡粪Ⅱ 25.6g·kg^{-1}，每个处理3个重复，以不添加鸡粪的处理作为对照（CK）。盆栽采用底部内径14cm、上部内径19cm、高25cm的塑料盆，每盆装土12.5kg，随机排列。将一定量的鸡粪添加到过1mm筛的石灰性褐土中混匀，平衡24h后，再与过2mm滤筛的褐土以及化肥混合均匀后装盆。盆栽所用化肥为$CO(NH_2)_2$、$Ca(H_2PO_4)_2$和K_2SO_4（均为分析纯），其施用量分别为0.15g·kg^{-1}的$CO(NH_2)_2$、0.05g·kg^{-1}的$Ca(H_2PO_4)_2$和0.1g·kg^{-1}的K_2SO_4。玉米采用直播方式，3叶期间苗，每盆保留1株。8月18日盆栽收割，玉米茎、叶、籽粒同时放入烘箱，烘干后称质量。供试前土壤及鸡粪中四环素、土霉素及金霉素的质量分数见表2-1。

表2-1　供试土壤和鸡粪抗生素的质量分数

单位：mg·kg^{-1}

供试材料	四环素	土霉素	金霉素
土壤	0.08	0.06	0.09
鸡粪Ⅰ	9.48	3.05	3.87
鸡粪Ⅱ	192.57	58.99	36.46

3　测定项目与方法

土壤、鸡粪和玉米根、茎、叶、籽粒均采用高效液相色谱仪分析。玉米样品中的抗生素采用超声提取-固相萃取预处理和高效液相色谱—串联质谱（HPLC-MS/MS）分析法测定，用乙腈—硫酸钠—乙酸钠—Na_2EDTA溶液/超声波进行提取，用正己烷液—液萃取，用旋转蒸发法浓缩，并用乙腈—0.086mol·L^{-1}磷酸（体积比为15：85）定容至5mL，隔夜沉渣，吸取1mL过0.2μm滤膜后用HPLC-MS/MS法测定[3]。土壤和鸡粪中的抗生素均用pH4的EDTA-McIlvaine缓冲液提取。缓冲液成分为0.05mol·L^{-1}的EDTA、0.06mol·L^{-1}的Na_2HPO_4和0.08mol·L^{-1}的柠檬酸[3]。7月12日上午，天气晴朗，利用CCM-200 ChlorophyⅡ（Content Meter Opti-Sciences，Inc.）测定玉米叶片（主茎叶从上向上数第3片叶子）的叶绿素量指数CCI（Chlorophyll content index）。

4 数据处理

数据均采用DPS软件进行处理，方差分析采用LSD多重比较，差异性水平为$P<0.05$，转运系数=地上部分（茎+叶+籽粒）/地下部分（根）。

5 施用含四环素类抗生素鸡粪对玉米生长的影响

5.1 四环素类抗生素对玉米株高和根长的影响

由图2-1可知，玉米各处理的株高和根长均显著高于CK（$P<0.05$），且株高和根长均呈现出一致趋势：T5处理>T3处理>T1处理，T6处理>T4处理>T2处理，鸡粪施用量越高对玉米生长的促进作用越大。这可能是由于鸡粪作为有机肥料能够促进玉米的生长。株高和根长在添加相同施用量鸡粪的处理中均出现一致规律，添加鸡粪Ⅰ处理>添加鸡粪Ⅱ处理，说明抗生素在一定程度上抑制玉米的生长，T2处理的株高、根长分别比T1处理降低了8.7%、13.0%，T4处理的株高、根长分别比T3处理降低了12.2%、15.1%，T6处理的株高、根长分别比T5处理降

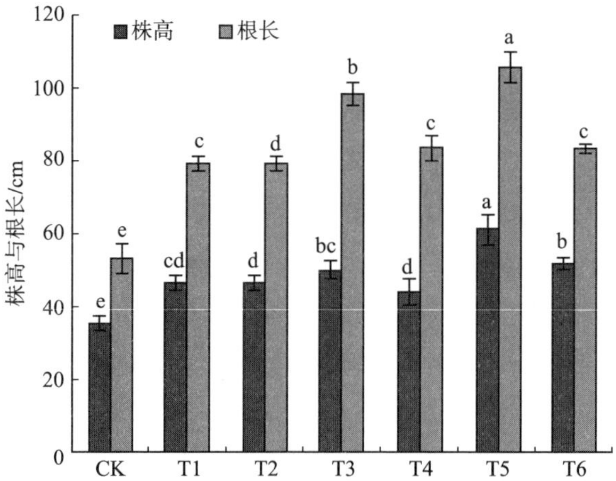

图2-1 四环素类抗生素对玉米株高和根长的影响

低了 15.5%、21.3%。可见抗生素对玉米生长的抑制作用随着鸡粪中抗生素质量分数的增加而增加，主要是由于添加鸡粪Ⅰ处理对土壤微生物的抑制作用小于添加鸡粪Ⅱ处理，尤其是低质量分数抗生素对真菌有促进作用[4]，高质量分数抗生素则产生抑制作用。而且抗生素对根生长的抑制作用大于对株高的抑制，这与前人的研究结果[5,6]一致。

5.2　四环素类抗生素对玉米茎叶、根、籽粒质量的影响

由图 2-2 可知，添加鸡粪的处理中茎叶、根和籽粒的干质量均高于 CK，这说明鸡粪促进了玉米的生长。在添加相同量的鸡粪处理中，根、茎叶和籽粒的干质量都是添加鸡粪Ⅰ>添加鸡粪Ⅱ，T2 处理的根、茎叶和籽粒干质量分别比 T1 处理降低了 36.92%、5.12%、4.25%，T4 处理的根、茎叶和籽粒干质量分别比 T3 处理降低了 39.46%、12.10%、8.83%，T6 处理的根、茎叶和籽粒干质量分别比 T5 处理降低了 50.73%、17.34%、14.55%。表明抗生素对玉米的生长会产生抑制作用，抗生素的质量分数越高抑制作用越明显，并且抗生素对玉米根的抑制大于茎叶和籽粒。在添加相同类型的鸡粪处理中，根、茎叶和籽粒干质量都是随着鸡粪加入量的升高而增加，表明鸡粪对玉米生长的促进作用大于抗生素对玉米生长的抑制作用。

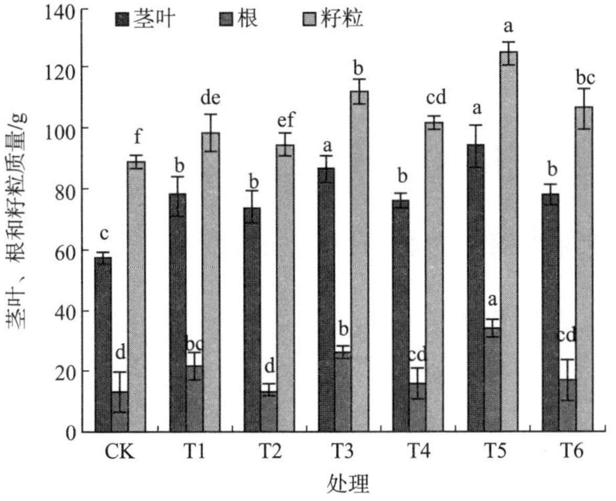

图 2-2　四环素类抗生素对玉米茎叶、根、籽粒质量的影响

5.3 四环素类抗生素对玉米CCI① 的影响

叶绿素是捕获光能，进行光能转换的基本色素，叶绿素的增加有利于植物捕获较多的光能。由图 2-3 可知，各处理间玉米 CCI 均显著高于 CK（$P<0.05$），这表明鸡粪能够促进玉米的光合作用。在加入相同施用量的鸡粪处理中，CCI 与玉米株高、根长以及生物量都表现出相同的趋势，即添加鸡粪Ⅰ>添加鸡粪Ⅱ，这表明抗生素抑制光合作用[7]，这与前人研究结果[8]相似。添加相同类型鸡粪处理中，随着施肥量的增加，玉米 CCI 也随之增加，说明鸡粪的增加可减少抗生素对玉米 CCI 的抑制作用。

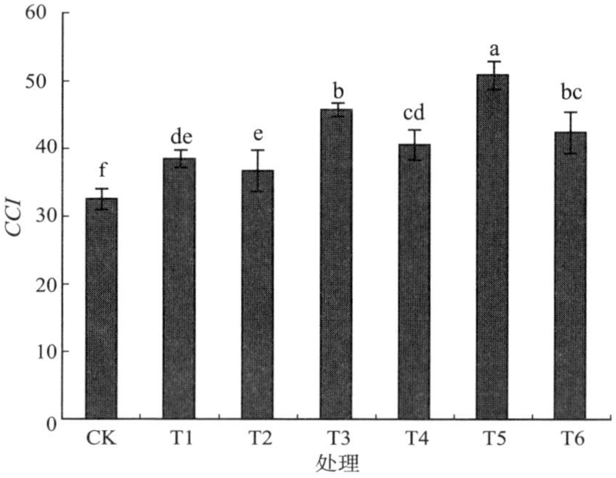

图 2-3 四环素类抗生素对玉米 CCI 的影响

6 不同处理玉米器官中四环素类抗生素的残留特征

6.1 不同处理玉米器官中四环素残留特征

由图 2-4 可知，各处理玉米不同部位均残留了四环素，其中，T6 处理的根、茎、叶和籽粒均高于其他处理，在同一处理中，玉米植株不同部位残留的四环素质量分数由大到小为：叶>茎>籽粒>根，这可能是由于叶是光

① CCI 指标是一种用于评估农作物生长状况的指标。

合作用的场所，其新陈代谢较为旺盛，有利于四环素的积累，而根部吸收四环素的能力低于其他部位。当鸡粪添加量相同时，添加鸡粪Ⅱ处理的玉米茎、叶和籽粒中，四环素的质量分数明显高于添加鸡粪Ⅰ的质量分数（$P<0.05$），其中四环素残留率在玉米叶最高，T2 处理的玉米叶比 T1 处理高 276.5%，T4 处理比 T3 处理高 552.6%，T6 处理比 T5 处理高 861.4%，其次为茎、籽粒和根，可能随着抗生素量的增加，四环素更易集中在叶部。当添加鸡粪种类相同，鸡粪添加量不同时，T3 处理的根、茎、叶、籽粒分别比 T1 处理高 26.1%、18.8%、34.3%、19.6%，T5 处理的根、茎、叶、籽粒分别比 T3 处理高 5.2%、11.8%、5.8%、10.4%，T4 处理的根、茎、叶、籽粒分别比 T2 处理高 45.1%、192.5%、132.8%、53.8%，T6 处理的根、茎、叶、籽粒分别比 T4 处理高 25.7%、51.0%、55.9%、92.8%。可见，总体上，在相同类型的鸡粪处理中，鸡粪施用量越高，根、茎、叶和籽粒中四环素的增长幅度越小，说明玉米各部位对四环素的吸收有一定的限制性。

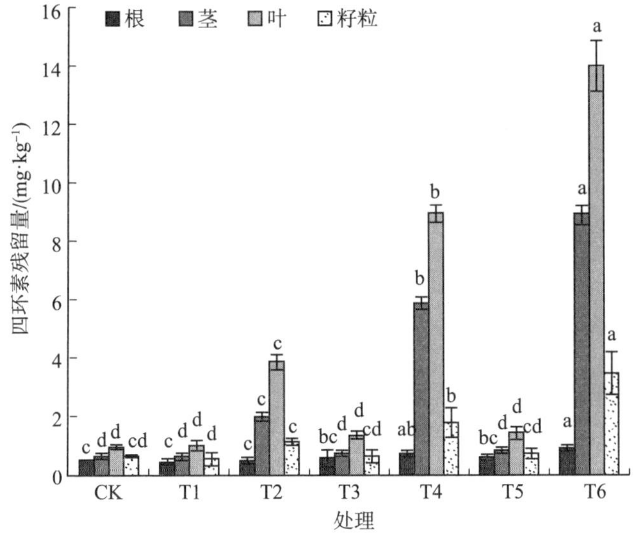

图 2-4　玉米器官中四环素的残留特征

6.2　不同处理玉米器官中土霉素质量分数残留特征

由图 2-5 可知，各处理玉米籽粒中均未残留土霉素，而残留于玉米根、茎、叶中，添加鸡粪Ⅰ处理中玉米根、茎、叶的土霉素积累量均为：叶>茎>根，这与四环素的残留趋势相同，而添加鸡粪Ⅱ的处理中则为：叶>根>茎，鸡粪添加量相同时，玉米根、茎和叶中土霉素的质量分数在施加鸡粪Ⅱ的处理中明显高于鸡粪Ⅰ（$P<0.05$）。T2 处理的玉米根、茎、叶的土霉素残留量分别比 T1 处理高 134.8%、32.4%、31.1%，T4 处理的玉米根、茎、叶的土霉素残留量分别比 T3 处理高 139.3%、88.2%、67.8%，T6 处理的玉米根、茎、叶的土霉素残留量分别比 T5 处理高 212.9%、164.9%、176.3%。可以看出，随着抗生素量的增加，土霉素在玉米体内残留量越高，这可能是与土霉素的性质有关。可见，玉米各部位土霉素质量分数的增加幅度随着鸡粪施用量的增加而增加，这与四环素的处理呈现完全相反的趋势。

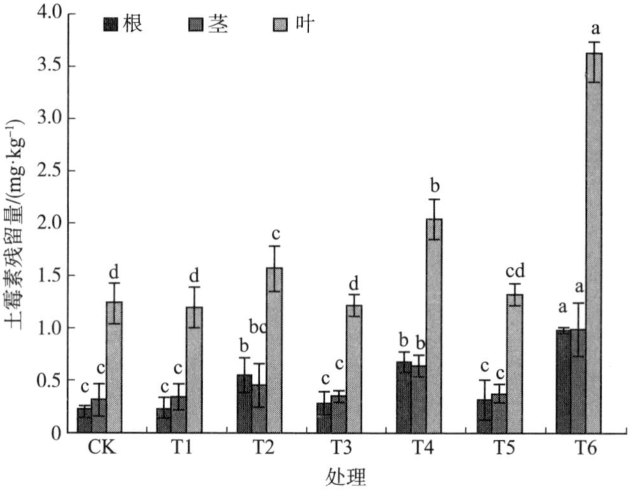

图 2-5　玉米器官中土霉素的残留特征

6.3　不同处理玉米器官中金霉素含量的分布特征

图 2-6 表明，各处理玉米根部均未残留金霉素，而迁移至玉米茎、叶和籽粒中，相同处理中，玉米茎、叶、籽粒的金霉素积累量均为：叶>茎>籽粒，这与四环素以及鸡粪Ⅱ处理的土霉素表现出相同的趋势。当鸡粪添加量相同时，玉米各部位金霉素的质量分数趋势与四环素和土霉素相同，均为鸡粪Ⅱ>鸡粪Ⅰ，说明金霉素越多的处理，其残留量也最多，且玉米茎、

叶、籽粒的 T1 处理与 T2 处理，T3 处理与 T4 处理，T5 处理与 T6 处理均达到显著水平（$P<0.05$），T2 处理的玉米茎、叶、籽粒的金霉素残留量分别比 T1 处理高 33.0%、64.3%、61.9%，T4 处理的玉米茎、叶、籽粒的金霉素残留量分别比 T3 处理高 91.4%、138.1%、83.3%，T6 处理的玉米茎、叶、籽粒的金霉素残留量分别比 T5 处理高 150.0%、164.1%、152.6%。说明随着鸡粪量的增加金霉素在玉米体内残留量越高，其中金霉素残留率在玉米叶部最高，其次为茎和籽粒，这与四环素和土霉素的趋势不同。在相同类型的鸡粪处理中，施用量越大，其玉米茎、叶和籽粒中金霉素的增长幅度越小，与四环素在玉米中的残留趋势一致，说明玉米各部位对金霉素的吸收同样有一定的限制性。

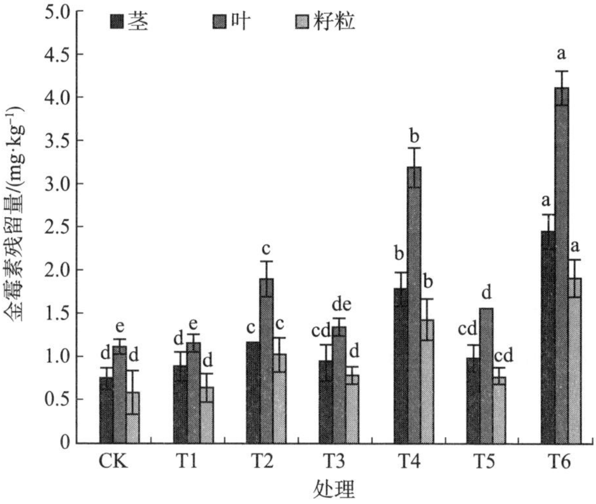

图 2-6　玉米器官中金霉素的残留特征

6.4　玉米植株中四环素类抗生素质量分数的分布特征

从表 2-2 可看出，无论是哪种抗生素，玉米植株对其的吸收都表现出相同的趋势：鸡粪Ⅰ<鸡粪Ⅱ，这说明四环素类抗生素的质量分数越高则玉米对其吸收越强。鸡粪Ⅰ处理，玉米对 3 种四环素的吸收相差不大，这可能是因为初始土壤中 3 种抗生素的质量分数差距较小。对于鸡粪Ⅱ处理，玉米对四环素的吸收大于金霉素和土霉素，这可能与土壤中四环素的质量分数最

高有关。而玉米对金霉素和土霉素的吸收则是：金霉素＞土霉素，这与土壤中金霉素和土霉素的质量分数恰好相反，这可能与土霉素的性质有关，因为土壤的 pH 为 8.61，呈现碱性，而土霉素在碱性水溶液中易遭破坏而失效。

表 2-2 玉米植株中不同四环素类抗生素的分布

单位：$mg \cdot kg^{-1}$

抗生素	处理 1	处理 2	处理 3	处理 4	处理 5	处理 6
四环素	2.68	7.53	3.38	17.36	3.65	27.22
土霉素	1.76	2.55	1.84	3.34	1.99	5.58
金霉素	2.66	4.08	3.05	6.40	3.30	8.49

6.5 玉米植株对四环素类抗生素的累积效率评价

转运系数（Translocation Factor，TF）是植物地上部污染物质量分数与地下部污染物质量分数之比，用来评价植物将污染物从地下部向地上部的转移和富集能力。由于玉米根部未吸收金霉素，所以金霉素的转运系数最大。由表 2-3 可以看出，在鸡粪Ⅰ的处理中（T1、T3、T5 处理），土霉素的转运系数大于四环素，而在鸡粪Ⅱ的处理中表现出相反趋势。就四环素而言，其量越高，转运系数越大，说明量越大，四环素越易向地上部迁移。而土霉素量越高，玉米对其的转运系数反而越小。

表 2-3 玉米植株四环素类抗生素转运系数（TF）

抗生素	处理 1	处理 2	处理 3	处理 4	处理 5	处理 6
四环素	4.83	13.76	4.83	22.46	4.98	28.27
土霉素	6.65	3.72	5.57	3.99	5.42	4.74

6.6 玉米成熟后土壤中四环素类抗生素的残留特征

从图 2-7 可看出，CK 土壤中未残留抗生素，抗生素的残留特征总趋势为四环素＞土霉素＞金霉素。此外，添加鸡粪Ⅱ处理的抗生素残留量明显高于添加鸡粪Ⅰ的处理（$P<0.05$），T5 处理与 T3 处理其四环素、土霉素和金霉素的残留量无明显差异，T3 处理与 T1 处理、T4 处理与 T2 处理、T5

处理与 T3 处理中四环素和土霉素的残留量无明显差异，而金霉素的残留量有明显差异，T4 处理的四环素、土霉素、金霉素的残留量分别比 T2 处理高 4.6%、9.6%、27.6%，T6 处理的四环素、土霉素、金霉素的残留量分别比 T4 处理高 15.3%、3.1%、47.0%。这与在玉米体内的残留量特征相反，玉米体内四环素和土霉素在鸡粪Ⅱ处理中随施用量的增加其残留量有明显下降趋势，而金霉素随施肥量的增加其残留量有明显增加趋势。因此，玉米体内抗生素残留的量越多，土壤中抗生素残留的量即越少，反之亦然。

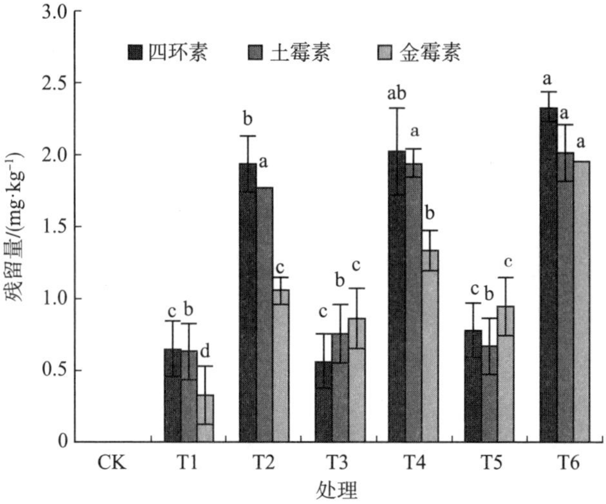

图 2-7　土壤中四环素类抗生素的残留特征

7　讨论

关于兽用抗生素对植物生长的影响机理较为复杂，至今未开展系统的研究，但也有一些初步的研究发现，抗生素可降低作物生长所需的叶酸合成、原生质的形成，影响谷胱甘肽转移酶、过氧化物酶及降低叶绿素合成而影响植物的光合作用[9,10]。研究表明，四环素类抗生素通过与细胞核蛋白体的 30S 亚单位结合，从而阻止 TRNA 同核糖核蛋白结合，抑制蛋白质合成[11]，由于根系长出后最先接触的是土壤界面，所以不排除玉米根系上有类似的蛋白质分子。本书研究也表明，鸡粪Ⅱ可降低玉米株高、根长以及茎叶、根和籽粒的干质量，植物叶绿素的降低能代表抗生素对植物幼苗生长发育的危害。有研究[12]表明，在污染物的胁迫下，由于捕光化合物 LHC 蛋白合成的转录过程受到抑制，从而影响叶绿素的积累，与本研究结果一致。也是抗生素量多时抑制了 CCI 的累积，且随着鸡粪量增加，又可减少抗生素对 CCI 及玉米株高、根长、生物量的抑制作用。

同时，相同类型鸡粪处理中，鸡粪施用量越大，玉米器官中四环素和金霉素的残留量增长幅度越小。可能是由于土壤微生物量是随着土壤有机质质量分数的增加而增加，二者极显著正相关。鸡粪可以持久稳定地向微生物提供能源，促进土壤微生物的活性，从而减少抗生素对玉米生长的影响。徐秋桐等[13]研究表明，施用有机肥可增加土壤微生物量，促进土壤抗生素的降解，这一效应随有机肥用量的提高而增加。

此研究只关注短期时间效应，未考虑其他相关化学和生物机制，如化学物质的水解、降解和生物的代谢过程。土壤中的抗生素经过植株根部吸收进入植株体内，进而迁移到植株其他部位，在根、茎、叶以及籽粒中均有残留。虽然作物植株通过其根部吸收抗生素，但根部残留的抗生素量却很少，主要残留在植株地上部。作物叶部为光合作用的主要场所，新陈代谢最为旺盛，茎部和籽粒虽有抗生素残留，但残留量远小于叶部，所以玉米植株的叶部为四环素类抗生素主要的残留场所。关于土壤中抗生素是如何进入根系以及在植株体内的转运和代谢途径与机制则有待进一步研究。

8　结论

（1）添加鸡粪Ⅱ处理对玉米的株高、根长以及茎叶、根和籽粒的干质量、CCI 的抑制作用大于添加鸡粪Ⅰ处理，并且鸡粪质量分数的增加可减少抗生素对其的抑制作用。

（2）不同种类的四环素类抗生素污染的土壤中，玉米不同部位对四环素、土霉素和金霉素的残留程度不同。玉米根、茎、叶和籽粒各部位全部残留了四环素，玉米根、茎和叶残留了土霉素，未迁移至籽粒中，玉米茎、叶和籽粒残留了金霉素，未在根部残留。玉米各部位四环素、金霉素残留量的大小顺序均为：籽粒＜茎＜叶。玉米不同部位对土霉素吸收在添加鸡粪Ⅰ处理中表现为：叶>茎>根，而在添加鸡粪Ⅱ的处理中则为：叶>根>茎。

（3）玉米不同部位吸收抗生素的总量表现为：四环素>金霉素>土霉素。玉米植株对金霉素的转运系数大于相同条件下土霉素和四环素，而对于土霉素和四环素，鸡粪Ⅰ处理中的土霉素>四环素，而在鸡粪Ⅱ的处理中四环素>土霉素。

（4）土壤抗生素的残留特征总趋势为四环素>土霉素>金霉素，其 3 种抗生素在土壤中的残留率出现了与玉米植株相反的趋势。

参考文献

[1] 秦俊梅，熊华烨，李兆君．施用含四环素类抗生素鸡粪对玉米生长的影响及其残留特征[J]. 灌溉排水学报，2018，37（9）：22-28.

[2] 朱模忠．兽药手册 [M]. 北京：化学工业出版社，2002.

[3] 孙刚，袁守军，彭书传，等．固相萃取-高效液相色谱法测定畜禽粪便中的土霉素、金霉素和四环素 [J]. 环境化学，2010，29（4）：739-742.

[4] 汤玮婧，杨清香．土霉素对土壤微生物活性及群落的影响 [J]. 湖北农业科学，2009，48（1）：70-73.

[5] Liguoro MD，Cibin V，Capolongo F，et al. Use of oxytetracycline and tylosin in intensive calf farming：evaluation of transfer to manure and soil [J]. Chemosphere，2003，52（1）：203-212.

[6] 刘新程，董元华，王辉．江苏省集约化养殖畜禽排泄物中四环素类抗生素残留调查[J]. 农业环境科学学报，2008，27（3）：1177-1182.

[7] Ahmed MB，Rajapaksha AU，Lim JE，et al. Distribution and accumulative pattern of tetracyclines and sulfonamides in edible vegetables of cucumber，tomato and lettuce [J]. J. Agric. Food Chem.，2015，63（2）：398-405.

[8] Di MG，Gismondi A，Canuti L，et al. Tetracycline accumulates in Iberis sempervirens L. through apoplastic transport inducing oxidative stress and growth inhibition [J]. Plant Biol.，2014，16（4）：792-800.

[9] 金彩霞，陈秋颖，刘军军，等．两种常用兽药对作物发芽的生态毒性效应 [J]. 环境科学学报，2009，29（3）：619-625.

[10] Bradel BG，Preil W，Jeske H. Remission of the free-branching pattern of Euphorbia pulcherrima by tetracycline treatment [J]. J. Phytopathol.，2000，148（11/12）：

587－590.

[11] Kohanski MA, Dwyer DJ, Collins JJ. How antibiotics kill bacteria: from targets to networks [J]. Nat. Rev. Microbiol., 2010, 8 (6): 423－435.

[12] Horváth G, Droppa M, OravecZ á, et al. Formation of the photosynthetic apparatus during greening of cadmium－poisoned barley leaves [J]. Planta, 1996, 199 (2): 238－243.

[13] 徐秋桐，顾国平，章明奎，等．有机肥对土壤中抗生素降解的促进作用 [J]. 浙江农业学报，2015，27 (3)：417－422.

第3章　不同基质对土壤和玉米中土霉素残留及玉米生长的影响

1　研究内容[1,2]

（1）不同基质对土霉素污染土壤玉米生理特性的影响

该部分研究了外源土霉素污染下，不同基质对玉米生理特性的影响。

（2）不同基质对土霉素污染土壤理化性质的影响

该部分对玉米三个生育期（幼苗期、拔节期和成熟期）的土壤酶活性、微生物量碳氮和成熟期土壤养分及其相关性状进行测定，研究外源土霉素污染下，添加不同基质对土壤理化性质的影响。

（3）土霉素在土壤—植物体系中的残留及迁移

该部分对成熟期玉米植株不同器官及土壤中的土霉素残留量进行测定，探究不同基质对土霉素在土壤和植物体残留特征的影响。

2　技术路线

技术路线见图3-1。

3　试验设计

盆栽试验于2017年4月15日在山西农业大学资源环境学院温室大棚（37°25′24.23″，112°34′33.66″）进行。

3.1　供试土壤

供试土壤取自山西省太谷县沙河村农田石灰性褐土（0～20cm）。初始

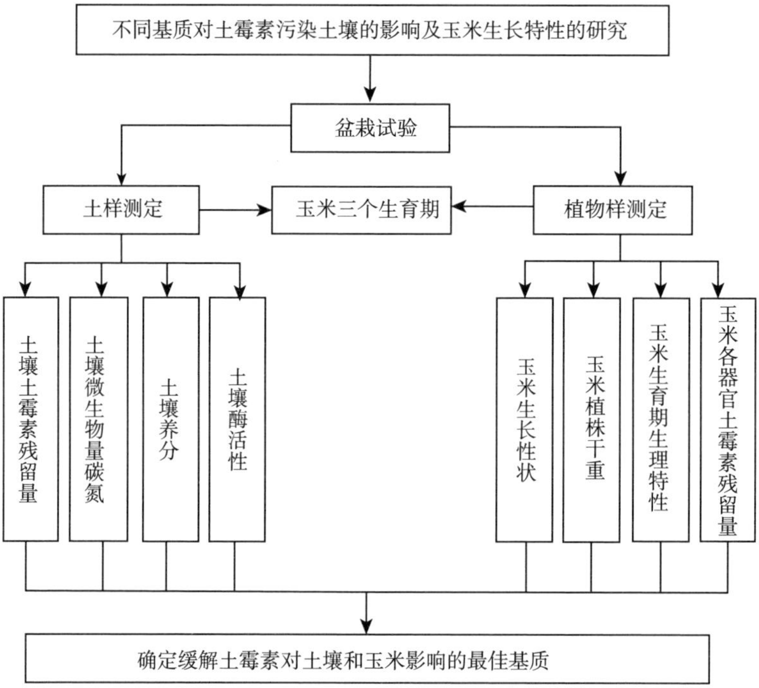

图 3-1　技术路线图

土壤的过氧化氢酶活性为 160.01 mg $KMnO_4 g^{-1}$ $20min^{-1}$，脲酶活性为 280.06mg・g^{-1}・$24h^{-1}$，碱性磷酸酶活性为 27.08mg・g^{-1}・$24h^{-1}$，蔗糖酶活性为 40.66mg・g^{-1}・$24h^{-1}$。供试土壤经过自然风干后，过 1mm 的尼龙筛网，进行土壤盆栽试验。取过 0.149mm 筛网的基础土壤样品进行土壤基本性质的测定。供试土壤的具体理化性质见表 3-1。

表 3-1　供试土壤基本理化性质

碱解氮/(mg・kg^{-1})	速效磷/(mg・kg^{-1})	速效钾/(mg・kg^{-1})	全氮/(mg・kg^{-1})	有机质/(g・kg^{-1})	pH	全盐量/(%)
30.76	16.53	227.8	0.832	14.6	8.22	0.059

3.2　供试作物与肥料

以北方大宗作物—玉米为研究对象。玉米品种名为沃玉 963 号（生长期为 130d）。在进行盆栽试验播种前，先用流动的纯净水冲洗和浸润大约 2h，选取 10 颗规格和大小一致的玉米种子进行种植。本试验所用的基础肥料为化学复合肥（氮：磷：钾＝15：15：15），由中国农业大学提供。在种植前添加基础化肥 6g 以保证玉米的正常生长，在玉米拔节期前后分别用尿素（化学纯）进行追肥，施加量为 1.1g 尿素/盆。

3.3　供试基质与试剂

土霉素购自某农用兽药批发店，纯度＞98%；菌糠由山西农业大学食用菌中心提供，主要为杏鲍菇制作而成；生物质炭由某生物质能源开发有限公司烧制提供，原料主要为玉米的秸秆；菌剂购自某农业肥料公司（主要菌种是胶质芽孢杆菌和巨大芽孢杆菌，有效活菌数≥2×10^8 个/g）；蚯蚓粪购自山东瓦利蚯蚓公司。试验中用到的所有化学试剂均为分析纯。不同基质的养分含量见表 3－2。

表 3－2　试验基质基础养分含量

基质/（$g\cdot kg^{-1}$）	全氮/（$g\cdot kg^{-1}$）	全磷/（$g\cdot kg^{-1}$）	全钾/（$g\cdot kg^{-1}$）
生物质炭	8.54	12.11	24.99
蚯蚓粪	25	29	22
菌糠	12.59	3.28	13.52

3.4　试验方案

根据章明奎等人[3]对不同剂量的生物质炭浓度对去除抗生素的研究，本试验设定生物质炭的添加量为 $15g\cdot kg^{-1}$ 土，因此蚯蚓粪和菌糠均设置和生物质炭同水平的质量分数，均为 $15g\cdot kg^{-1}$ 土，土霉素和菌剂添加量为 $50mg\cdot kg^{-1}$ 土。具体试验设计及处理符号见表 3－3，每个处理重复 4 次。

表 3－3　试验方案

处理	土霉素	蚯蚓粪	菌糠	生物质炭	菌剂
CK					
OTC	$50mg\cdot kg^{-1}$				

（续）

处理	土霉素	蚯蚓粪	菌糠	生物质炭	菌剂
QY	$50mg \cdot kg^{-1}$	$15g \cdot kg^{-1}$			
JK	$50mg \cdot kg^{-1}$		$15g \cdot kg^{-1}$		
S	$50mg \cdot kg^{-1}$			$15g \cdot kg^{-1}$	
JF	$50mg \cdot kg^{-1}$				$50mg \cdot kg^{-1}$
JQ	$50mg \cdot kg^{-1}$	$15g \cdot kg^{-1}$			$50mg \cdot kg^{-1}$
JJ	$50mg \cdot kg^{-1}$		$15g \cdot kg^{-1}$		$50mg \cdot kg^{-1}$
JS	$50mg \cdot kg^{-1}$			$15g \cdot kg^{-1}$	$50mg \cdot kg^{-1}$

试验使用底部内径 14cm、上部内径 19cm、高 25cm 的塑料盆，准确称取 10kg 风干过筛后的土壤，分别将基肥、基质和土霉素与土壤混匀后，装入塑料盆中，以备种植玉米。试验于 2017 年 4 月 24 日进行盆栽种植，于 2017 年 5 月 16 日 进行间苗（三叶期），每盆保留 6 株幼苗期玉米。2017 年 6 月 23 日 进行拔节期采样，每盆保留 1 株。采用称重法控制各盆栽土壤水分，使其保持在 80%左右。温室大棚的平均温度为 11～35℃。2017 年 9 月 10 日 进行收割，收割后的玉米根、茎、叶和籽粒分别用纯净水洗净后装入信封，于烘箱中烘至恒重后称重。

4 测定项目与方法

4.1 玉米生理特性及土壤分析指标的测定方法

植物叶绿素含量的测定采用 80%丙酮研磨法[4]；植物过氧化氢酶活性的测定采用碘量法[4]；植物过氧化物酶活性的测定采用愈创木酚（0.1%）比色法[4]；植物脯氨酸含量的测定采用茚三酮比色法[4]；植物可溶性糖含量的测定采用比色法[4]；植物总黄酮含量的测定采用比色法[5]。

土壤脲酶活性的测定采用比色法[6]；土壤蔗糖酶活性的测定采用比色法[6]；土壤碱性磷酸酶活性的测定采用比色法[6]；土壤过氧化氢酶活性的测定采用 $0.1mol \cdot L^{-1}$ $KMnO_4$ 滴定法[6]。有机质含量的测定采用重铬酸钾外加热法[7]；碱解氮的含量的测定采用碱解扩散法[7]；有效磷的含量的测定采用比色法[7]；速效钾的含量的测定采用火焰光度计法[7]；阳离子交换量的测定采用火焰光度计法[7]；土壤 pH 的测定采用土水比 1∶2.5 法测定[7]；土壤微生物量碳氮的测定采用氯仿熏蒸法[8]。

4.2 土壤和玉米土霉素含量测定的方法

将 1.0g 冻干样品（玉米样品需磨碎）和 10ml 提取液（0.1mol·L^{-1} Na_2EDTA Mcllvaine：甲醇，1∶1，V/V）置于 50ml 离心管，于涡旋搅拌器中涡旋混合 1min 后，超声处理 10min，随后离心 10min（转速 4000r/min）。重复提取三次，使用旋转蒸发仪（温度为 40℃）浓缩上清液体积至 12ml。然后使用 5ml 5%甲醇和 5ml 超纯水活化固相萃取小柱（OASIS HLB 小柱）。真空泵抽吸 10min，以 1ml/min 的流速将提取液通过固相萃取小柱萃取。萃取后使用 5.0ml 含有 0.01mol·L^{-1} 草酸和甲醇的溶液洗脱小柱，收集所有洗脱液，40℃下高纯氮气吹至干燥，用混合流动相（草酸∶乙腈∶甲醇=76∶16∶8，V/V/V）稀释至 1ml，通过 0.22μm 滤膜并转移至自动进样器小瓶中进行液相色谱和质谱分析。

使用配备三重四极杆质谱仪和电喷雾电离源的高效液相色谱仪（安捷伦 1200）测定样品中的土霉素含量[9]。样品使用 Eclipse Plus C18 柱（3.5μm，4.6×150mm，安捷伦，美国）分离。高效液相色谱条件设定为：柱温 40℃，流动相为溶剂 A（超纯水中 0.1%甲酸）和溶剂 B（ACN），流速 0.4ml·min^{-1}，进样量 5μl。梯度洗脱程序为：0min，8%B；0～12min，55%B；12～13min，8%B；13～16min，8%B。

正离子检测土霉素质谱条件：采用多反应监测模式，监测离子对 m/z 461.3→443.2，保留时间为 80ms，毛细管电压为 10 kV，碎片电压为 140 V。以相对反应因子（RRF）为基础，选择四环素-d6 作为内标，采用内标法测定土霉素浓度[10]。应用标准加入法测定所选目标化合物的回收率。检测限（LOD）定义为信噪比（S/N）大于 3。土霉素的回收率在 85%～105%，检出限达 2.3μg·kg^{-1}（dw）。土霉素含量的全部检测过程由中国农业科学院农业资源与农业区划研究所检测。

5 数据处理

所有数据均采用 DPS 7.0 软件进行 One-way ANOVA，并采用 Duncan

多重比较（$P<0.05$）进行不同处理的单个生育期比较，并进行各项指标显著性检验，用 Excel 2015 软件进行柱状图的绘制。图和表格中的所有小写字母代表每个生育期的显著性水平，N. D 表示未检测出土霉素。

6　不同基质对土霉素污染土壤玉米生长的影响

6.1　不同基质对土霉素污染土壤玉米生物量的影响

图 3－2 表示不同处理对玉米株高的影响。在玉米幼苗期，OTC 处理的株高和 CK 差异不显著；单施菌糠处理（JK）和菌剂配施菌糠处理（JJ）显著性低于 OTC 处理，降幅分别为 37.5%和 38.73%，这可能是菌糠的特性导致的缘故；其余施用不同基质处理（QY、S、JF、JQ 和 JS）均和 OTC 处理差异不显著。在玉米拔节期，OTC 处理的株高和 CK 差异不显著；单施生物质炭处理（S）显著低于 OTC 处理（$P<0.05$），降幅为 11.57%；其余施用不同基质处理（QY、JF、JQ 和 JS）均和 OTC 处理差异不显著。在玉米成熟期，OTC 处理的株高和 CK 差异不显著；其余施用不同基质处理（QY、JK、S、JF、JQ、JJ 和 JS）均和 OTC 处理差异不显著。总体上看，土霉素污染的土壤（$50mg \cdot kg^{-1}$）对生育期玉米的株高没有显著的影响，并且施用不同基质对玉米生育期的株高也没有显著性的影响。

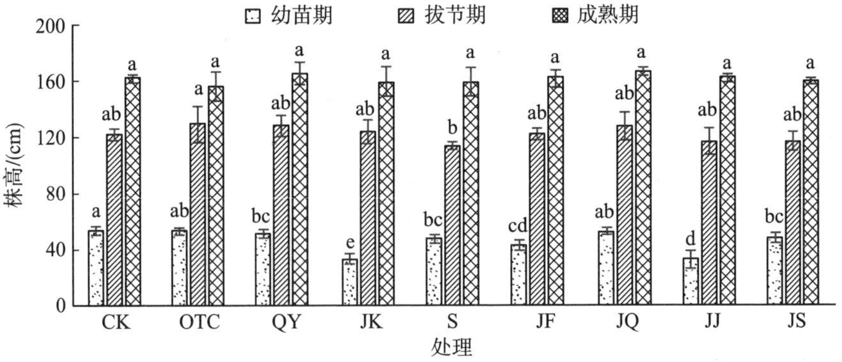

图 3－2　不同处理对玉米生育期株高的影响

注：图中误差棒表示样品的标准差，不同小写字母表示在 0.05 水平有显著性差异。下同。

图 3－3 表示不同处理对玉米根长的影响。在玉米幼苗期，OTC 处理的株高和 CK 差异不显著（$P<0.05$）；不同基质处理与 CK 处理和 OTC 处理差异不显著；QY 处理显著（$P<0.05$）高于菌剂配施菌糠处理（JJ），升幅为 20.60%。在玉米拔节期，OTC 处理显著低于 CK 处理，降幅为 24.34%，这说明外源添加土霉素可以抑制玉米根的伸长；与 OTC 处理相比，施加不同基质均能在不同程度上增加玉米根的伸长，其中，菌剂配施蚯蚓粪处理（JQ）和菌剂配施生物质炭处理（JS）最为显著，升幅分别为 16.80% 和 19.88%。在玉米成熟期，OTC 处理显著低于 CK 处理，降幅为 21.39%，这说明外源添加土霉素对玉米根长的抑制作用从拔节期开始持续到成熟期；与 OTC 处理相比，施加不同基质均能在不同程度上增加玉米根的伸长，其中，菌糠（JK）、菌剂配施蚯蚓粪（JQ）和菌剂配施生物质炭（JS）处理最为显著，升幅分别为 8.95%、9.36% 和 13.62%。总体上看，玉米拔节期和成熟期的规律相似，这可能和玉米生长的特性有关。

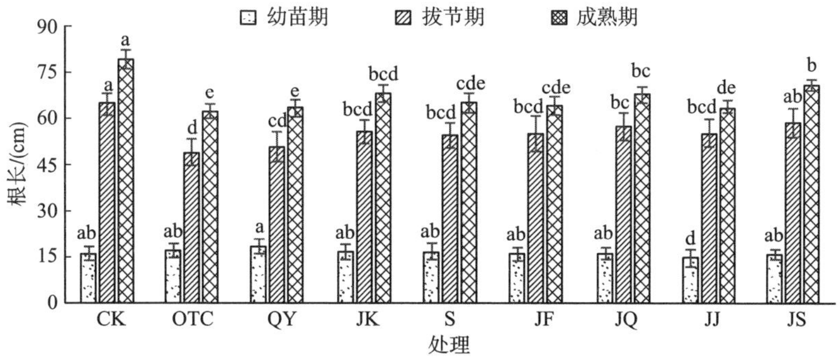

图 3－3　不同处理对玉米生育期根长的影响

图 3－4 表示不同处理对玉米成熟期根干重的影响。在玉米成熟期，OTC 处理显著小于 CK 处理，降幅为 16.92%，说明外源添加土霉素会抑制玉米地下部分的干物质积累量。与 OTC 处理相比，施用不同基质的处理均能显著提高玉米根干重，其中 QY、JK、S、JF、JQ、JJ 和 JS 处理分别提高了 104.88%、66.46%、88.43%、63.10%、183.46%、77.66% 和 46.72%。总体上看，单施基质处理中，蚯蚓粪处理（QY）效果最佳，配施基质处理中菌剂配施蚯蚓粪处理（JQ）效果最佳。这说明蚯蚓粪能增加玉米地下部分干物质的积累量，这可能是与蚯蚓粪含有的大量营养元素有关。

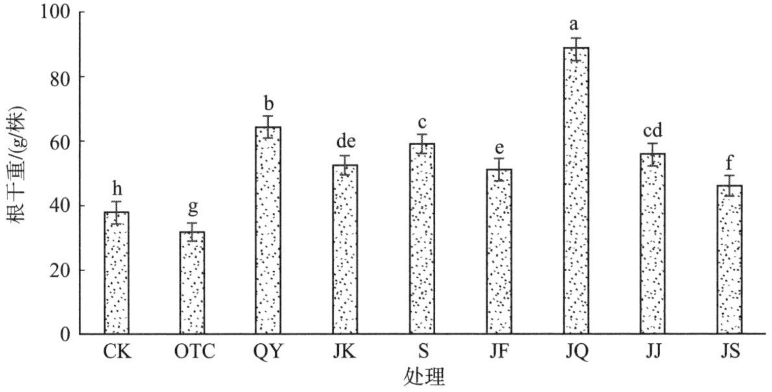

图 3-4　不同处理对玉米成熟期根干重的影响

图 3-5 表示不同处理对玉米成熟期株干重的影响。在玉米成熟期，OTC 处理显著小于 CK 处理，降幅为 26.60%，说明外源添加土霉素能够抑制玉米地下部分的干物质积累量。与 OTC 处理相比，除单施蚯蚓粪（QY）和菌剂配施菌糠处理（JJ）外，施加不同基质均能在不同程度上缓解土霉素对玉米株干重的影响，并能增加玉米成熟期株干重，其中单施菌糠（JK）、单施生物质炭（S）、菌剂配施蚯蚓粪（JQ）和菌剂配施生物质炭（JS）处理最为显著，升幅分别为 15.42%、9.14%、43.84 和 17.78%。总体上来看，单施基质的处理中，单施菌糠（JK）处理效果最佳，配施基质处理中，菌剂配施蚯蚓粪（JQ）处理效果最佳。

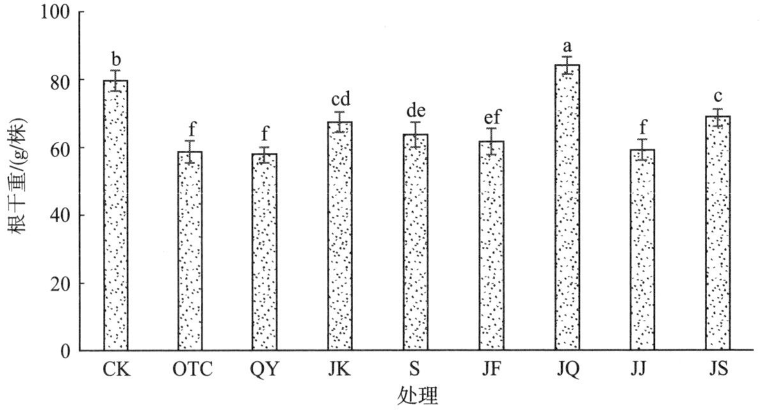

图 3-5　不同处理对玉米成熟期株干重的影响

图 3-6 表示不同处理对玉米成熟期籽粒重的影响。从图中可知，OTC 处理的玉米籽粒重显著低于 CK 处理，这表明外源添加土霉素（50mg·kg^{-1}）可以显著抑制玉米籽粒的积累量。与 OTC 处理相比，施用不同基质均能在不同程度上提高玉米籽粒重，QY、JK、S、JF、JQ、JJ 和 JS 处理增幅分别为 9.85%、44.89%、26.96%、23.81%、76.35%、17.73% 和 49.26%，其中 JK、S、JF、JQ 和 JS 处理最为显著。单施以菌糠（JK）效果最佳，配施以菌剂配施蚯蚓粪（JQ）处理效果最佳。

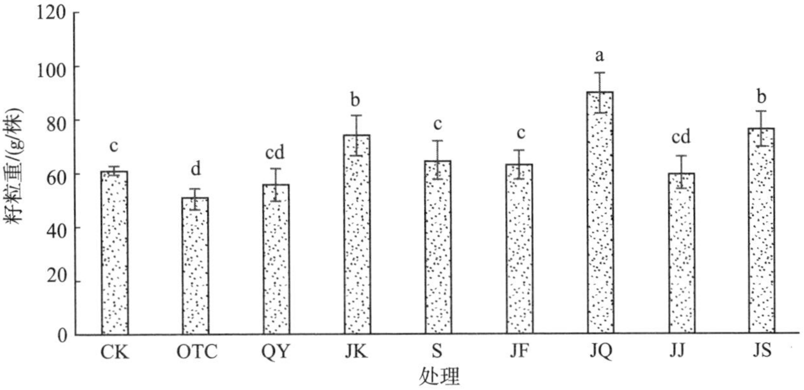

图 3-6　不同处理对玉米成熟期籽粒重的影响

6.2　不同基质对土霉素污染土壤玉米生理特性的影响

叶绿素总量由叶绿素 a 和叶绿素 b 组成，是一种广泛存在于植物叶片的色素。植物通过叶绿体的光反应时产生叶绿素，其含量的多少可以用来表征植物在遭受不同程度胁迫时的程度[11]。如图 3-7 所示，外源添加土霉素的 OTC 处理含量低于 CK 处理，降幅为 6.2%和 15.3%，由此可以说明土霉素作为一种有机污染物确实可以抑制植物的光合作用，产生了胁迫条件，这与前人的研究结果相似[12]。但是，当植物生长到成熟期时，外源添加土霉素的 OTC 处理叶绿素含量要大于 CK 处理，升幅为 24.14%。出现此矛盾现象的原因可能是由于随着时间的推移，土壤中大部分的土霉素残留量已经被降解，并且植物经过一段时间的代谢，已经降低到了一定的范围，所以在玉米成熟期时会表现出 OTC 处理的叶绿素含量大于 CK 处理。在玉米幼苗期时，单施处理的叶绿素含量（QY、JK、S和JF）均大于配施处理（JQ、JJ和JS），这可能是因为土壤在刚接入微生物菌剂时，会和其他基质产生拮抗作用，菌剂中的微生物会在植物生长的初期和玉米幼苗的生长产生抵触，从而使得玉米配施处理的叶绿素含量低于单施处理。在玉米生长拔节期，菌糠、生物质炭和菌剂配施生物质炭处理的叶绿素含量显著性高于OTC处理，升幅分别为33.3%，35.2%和25.7%。在玉米生长到成熟期时，这种规律与幼苗期截然相反，配施处理（菌剂配施蚯蚓粪、菌糠和生物质炭）的玉米叶绿素含量均大于单施处理（蚯蚓粪、菌糠、生物质炭），因此玉米在成熟期时不同基质处理的叶绿素含量为单施菌糠>单施生物质炭>单施蚯蚓粪>菌剂配施生物质炭>菌剂配施蚯蚓粪。造成这一现象的可能原因是菌剂经过一段时间的驯化和培养，适应了不同基质的理化性质，所以促进了土壤中速效养分的分解与植物的吸收速度，从而提高了玉米成熟期叶绿素的含量。此外，还有可能是因为，菌剂配施的不同基质均增加了土壤微生物的代谢能力，对土壤的土霉素起到了分解和转化的作用。叶绿素含量在玉米不同时期的变化规律是：拔节期>成熟期>幼苗期。

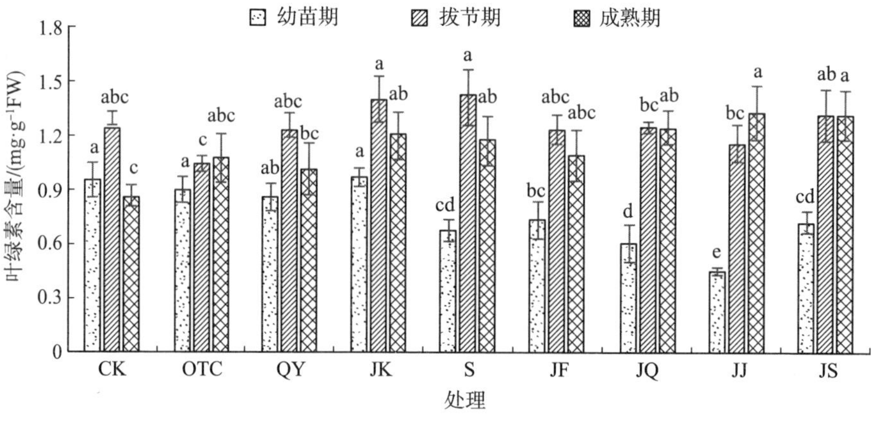

图3-7 不同处理对玉米生育期叶绿素含量的影响

脯氨酸广泛存在于植物的不同组织器官中，在玉米正常生长情况下，植物中细胞的脯氨酸含量很少，但是当植物遭受到严重胁迫（例如干旱、重金属污染等）时，植物细胞为了免遭受破坏会通过氨基酸反应来合成脯氨酸，调节细胞的渗透压以及参与抗氧化活性等，因此，检测植物叶片中脯氨酸的含量是植物抗逆生理的一项重要指标。如图 3－8 所示，在玉米整个生长发育阶段，OTC 处理的脯氨酸含量均大于 CK，这证实了土霉素作为一种外源添加的有机污染物可以刺激玉米产生大量的脯氨酸，也证实了 50mg·kg^{-1} 的土霉素会对植物产生不利的影响，这与陈柳芳等[13]的研究结果相似。当玉米生长到幼苗期时，不同基质处理中的 S 处理（生物质炭）的脯氨酸含量最低，分别比 CK 和 OTC 处理降低 45.6%和 59%，由此可说明单施生物质炭不仅能缓解土霉素带来的不利影响，甚至比 CK 的脯氨酸含量还要低。当玉米生长到拔节期时，不同基质处理中的 JQ 处理脯氨酸含量最低，相比较 OTC 处理而言，降低了 16.5%。在玉米成熟期，JK 处理的玉米脯氨酸含量最低，单施菌糠处理的脯氨酸含量显著低于 OTC 处理，降幅甚至达到 55.4%。据报道，这可能是由于菌糠内部含有的离子能和土壤中的盐性离子，如二价的 Ca^{2+} 发生了交换作用，降低了土壤的 ESP 值，促进了土壤中不同肥力元素的释放和增加了土壤有机质有关。JQ 处理在玉米成熟期也能降低玉米的脯氨酸含量，与 OTC 处理相比，降幅为 37.8%，这和拔节期的规律类似。脯氨酸在玉米不同生育期含量的变化规律是：拔节期＞成熟期＞幼苗期。

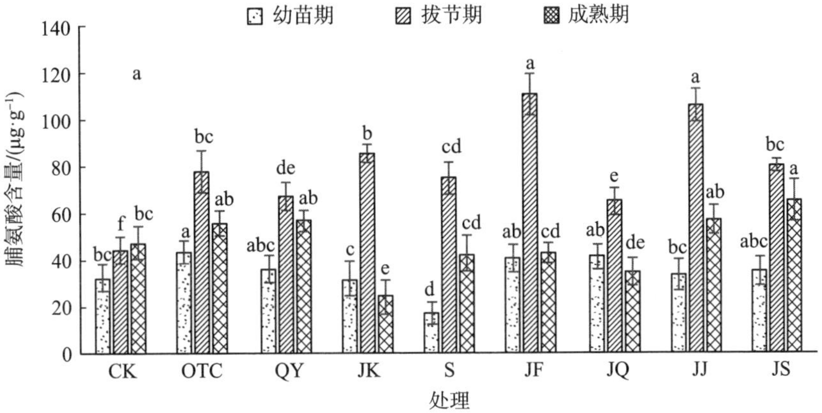

图 3－8　不同处理对玉米生育期脯氨酸含量的影响

过氧化氢酶（Catalase，CAT）是植物体内普遍存在的抗氧化胁迫的酶，过氧化氢酶可以清除植物体内 H_2O_2 从而使植物组织免受氧化胁迫[14]。由图 3－9 可以看出，在玉米幼苗期，过氧化氢酶活性表现为 OTC 处理小于 CK 处理，降幅为 17.7%，且差异显著（$P<0.05$），表明土霉素对玉米幼苗

期的过氧化氢酶活性产生了刺激作用，但是，可能是由于幼苗期玉米生长时间较短而导致了 OTC 处理的 CAT 活性含量并没有超过 CK 处理，这与前人的研究结果相似[15]。而不同基质处理（QY、JK、S、JF、JQ、JJ 和 JS）的玉米幼苗期过氧化氢酶活性均显著小于 OTC 处理（$P<0.05$），降幅分别为 70.58%、41.18%、35.29%、76.47%、17.65%、82.35%和 58.82%。这可能是因为不同基质处理的玉米能在一定程度上缓解土霉素对玉米产生的胁迫，所以玉米不需要产生过多的过氧化氢酶来清除多余的 H_2O_2。在玉米拔节期，OTC 处理的过氧化氢酶活性大于 CK 处理，这表明土霉素会在玉米拔节期刺激抗氧化酶系统产生大量的过氧化氢酶来清除多余的 H_2O_2。除 QY 处理外，不同基质处理的玉米拔节期 CAT 活性均小于 OTC 处理，降幅分别为 66.24%、1.09%、16.06%、25.91%、5.11%和 24.27%，这表明不同基质均能缓解土霉素对植物生长的压力。在玉米成熟期，OTC 处理的 CAT 活性显著高于 CK 处理，升幅为 78.57%，这表明土霉素在玉米成熟期会刺激植物产生大量的 CAT 来清除多余的 H_2O_2，以保护植物免遭 H_2O_2 的毒害作用，单施蚯蚓粪（QY）、菌剂配施菌糠（JJ）和菌剂配施生物质炭（JS）处理的过氧化氢酶活性均大于 OTC 处理，升幅分别为 92%、16%和 48%，而 JK、S、JF 和 JQ 处理均比 OTC 处理含量低，降幅分别为 20%、16%、2%和 44%。依据 CK 和 OTC 含量的关系来看，在玉米成熟期，单施菌糠（JK）、单施生物质炭（S）、单施菌剂（JF）和菌剂配施蚯蚓粪（JQ）处理效果最佳。

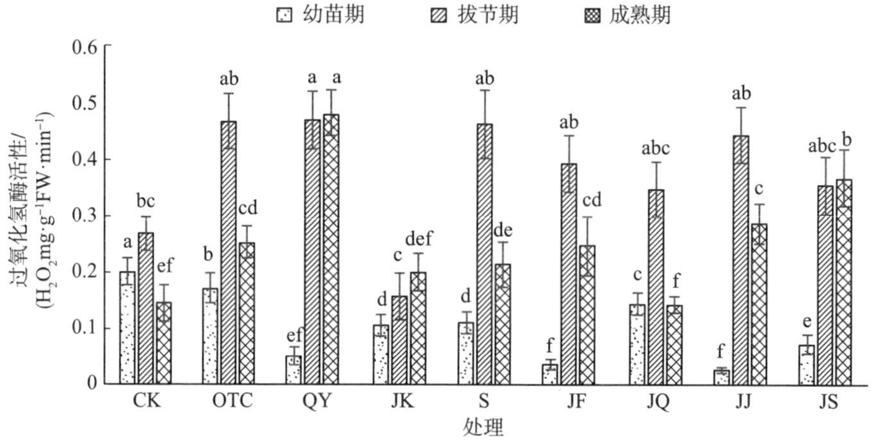

图 3-9　不同处理对玉米生育期过氧化氢酶活性的影响

过氧化物酶（Peroxidase，POD）广泛存在于植物不同组织器官中，在植物遭受外界严重胁迫干扰时，植物细胞会大量分泌，用于除去植物细胞中多余的过氧化氢以及其他含有羟基如酚类或者醛类的物质，因此，过氧化物酶是植物细胞抗氧化酶系统中的三大氧化酶之一。如图3-10所示，在玉米的整个生长期，外源单独添加土霉素处理的过氧化物酶活性大于对照，并且呈现显著性的差异（$P<0.05$）。由此可能说明，外源添加土霉素会诱导植物细胞产生大量的POD来抵御土霉素经过土壤和植物根部的传输到地上部分后的影响，即毒性兴奋效应。当玉米生长到幼苗期时，单施处理（蚯蚓粪、菌糠、生物质炭、菌剂）以及配施处理（菌剂＋蚯蚓粪、菌剂＋菌糠、菌剂＋生物质炭）均显著性低于OTC处理（$P<0.05$），降幅分别为39.87%、51.46%、32.53%、39.43%、28.17%、55. 35%和52.13%。这可能是因为不同种类的基质由于其本身的特性（也可看作有机肥）在吸附、固定或者降解上缓解抗生素对玉米植物叶片的抑制作用，从而减少了过氧化物酶的分泌。当玉米生长到拔节期时，单施蚯蚓粪处理的POD显著性大于OTC处理，升幅为14.1%，这可能是由于蚯蚓粪由于其含有的大量养分能源源不断地供给植物生长中期所需要的养分所导致的。在玉米成熟期，JS处理的POD活性是所有不同基质处理下最高的，而且显著性大于OTC处理，升幅为43.2%，这也许是因为菌剂内部含有的有益微生物经过一系列代谢反应后与生物质炭具有协同作用，所以减轻了玉米木质化水平。过氧化

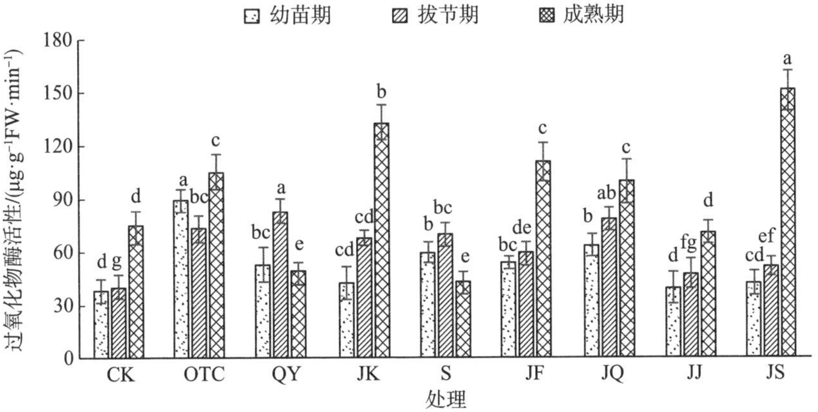

图3-10 不同处理对玉米生育期过氧化物酶活性的影响

物酶活性在玉米整个生育期的变化规律是：成熟期>拔节期>幼苗期，这和上述章节提到的玉米过氧化氢酶的变化趋势相反。

植物通过光合作用来维持基本的生长特征，通过植物叶片的气孔处吸收 CO_2 释放出 O_2。在正常情况下，植物的光合反应比较稳定，波动范围不会很大，但是当遭受不同种类的胁迫例如重金属或抗生素污染时，植物的光合特性便会遭到严重的破坏。如表 3-4 所示，外源单独添加土霉素的玉米不同光合指标（Pn、Gs 和 Ts）均小于对照，降幅分别为 37.13%，8.20%和 21.49%，但是 Ci 浓度显著大于对照处理，说明土霉素是通过提高玉米叶片的 Ci 来影响玉米的光合速率。与 OTC 处理相比，施加不同种类的基质处理（QY、JK、S、JF、JQ、JJ 和 JS）均能在不同程度上提高玉米的 Pn、Gs 和 TS 并降低 Ci，单施菌糠、生物质炭、菌剂以及菌剂配施生物质炭处理的 Pn、Gs 和 Ts 均显著大于对照（$P<0.05$）。以 Pn 为例，它与 CK 相比，增幅分别为 95.23%、88.13%、47.15%和 68.10%。由此得出结论：上述基质均能缓解土霉素对玉米光合速率的抑制作用，并且不同种类基质单施或配施能显著提高玉米 Pn、Gs 和 Ts 值。总的变化规律为：玉米的 Pn、Gs 和 Ts 分别与 Ci 成反比，而 Pn、Gs 和 Ts 三者之间成正比，这与他人的研究结果一致[16]。

表 3-4　不同处理对玉米光合参数的影响

处理	净光合速率 Pn/（$\mu mol \cdot m^{-2} \cdot s^{-1}$）	气孔导度 Gs/（$mmol \cdot m^{-2} \cdot s^{-1}$）	蒸腾速率 Ts/（$mmol \cdot m^{-2} \cdot s^{-1}$）	胞间 CO_2 浓度 Ci/（$\mu mol \cdot mol^{-1}$）
CK	8.59±1.06c	241.63±13.24c	1.21±0.07e	260.14±8.80b
OTC	5.40±0.97d	221.82±8.84d	0.95±0.07f	268.32±13.22a
QY	13.21±2.39b	252.12±12.82bc	1.23±0.03e	241.91±12.70e
JK	16.77±1.93a	270.85±11.53a	1.85±0.07a	227.88±12.75f
S	16.16±1.77a	269.54±14.53a	1.73±0.03b	231.91±9.39f
JF	12.64±1.25b	253.30±11.73b	1.31±0.05d	250.39±11.07cd
JQ	13.23±2.87b	255.66±11.42b	1.22±0.07e	243.32±11.74de
JJ	11.91±1.97b	250.33±10.43bc	1.21±0.07e	253.78±14.16bc
JS	14.44±2.10ab	260.02±12.15ab	1.45±0.13c	240.56±8.94e

注：同一列数据后小写字母不同表示差异达 0.05 水平显著，下同。

黄酮是植物重要的一类次生代谢产物，黄酮在植物体内具有光保护、减轻紫外辐射、抗病、抗氧化等多种功能。由图 3－11 可看出，在玉米成熟期，OTC 处理的玉米总黄酮含量显著低于 CK 处理（$P<0.05$），降幅为 21.55%。可见土霉素对玉米产生了明显的抑制作用，不同基质处理的玉米总黄酮含量均高于 OTC 处理，其中单施蚯蚓粪（QY）、单施菌糠（JK）、单施生物质炭（S）、菌剂配施蚯蚓粪（JQ）和菌剂配施菌糠（JJ）处理均显著大于 OTC 处理（$P<0.05$），升幅分别为 42.93%、22.59%、54.16%、65.65%和 41.22%。说明几种基质均能有效缓解土霉素对玉米的抑制作用，且菌剂配施蚯蚓粪（JQ）处理效果最显著，可能由于菌剂与蚯蚓粪配施时，菌剂中的有益微生物能够与蚯蚓粪产生协同作用，促进植物生长。

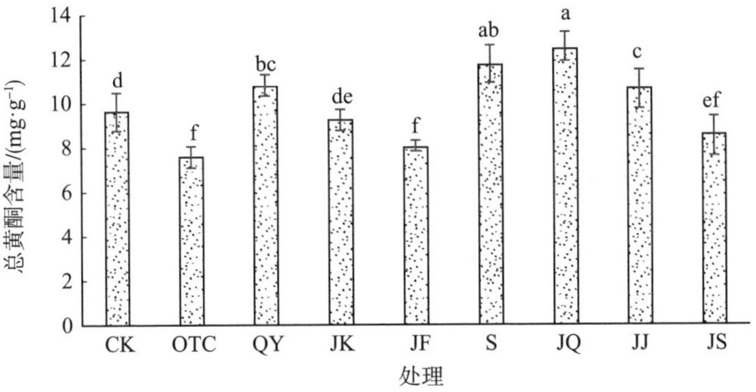

图 3－11　不同处理对成熟期玉米总黄酮含量的影响

在逆境胁迫条件下，植物体内的可溶性糖首先会大量积累作为能量储备，另外也可作为植物体内的渗透调节物质以减少外界对植物体的伤害。由图 3－12 可看出，在玉米成熟期，OTC 处理的可溶性糖含量显著大于 CK 处理（$P<0.05$），升幅为 28.21%，可见土霉素在一定程度上促进了可溶性糖的合成。除生物质炭（S）处理外，其他基质处理的玉米可溶性糖含量均低于 OTC 处理，其中单施蚯蚓粪（QY）、单施菌糠（JK）和单施菌剂（JF）处理均显著低于 OTC 处理（$P<0.05$），降幅分别为 27.92%、19.20%和 30.84%，这可能由于不同基质在一定程度上能够缓解土霉素对玉米的胁迫，且单施效果更佳。

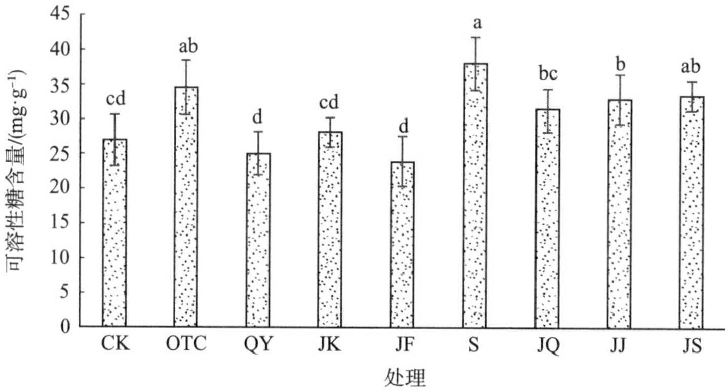

图 3-12　不同处理对成熟期玉米可溶性糖含量的影响

6.3　不同基质对土霉素污染土壤理化性质的影响

6.3.1　不同基质对土霉素污染土壤酶活性的影响

图 3-13 为不同处理对玉米生育期土壤脲酶活性的影响。在玉米幼苗期和拔节期时，土壤脲酶活性低于初始土壤，玉米成熟期的单施蚯蚓粪（QY）、单施菌糠（JK）和单施生物质炭（S）处理的土壤脲酶活性分别比初始土壤高 10.16%、26.49%和 21.87%。在玉米拔节期，与 CK 处理相比，OTC 处理显著影响土壤脲酶活性（$P<0.05$），降幅为 18.97%。但在玉米成熟期，这个趋势与拔节期相反，OTC 处理土壤的脲酶活性显著高于

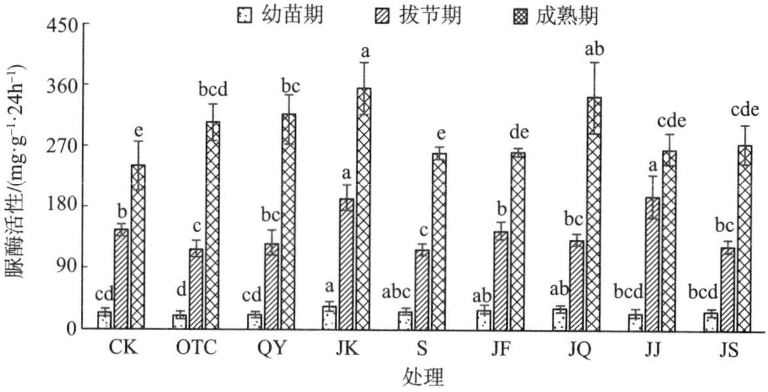

图 3-13　不同处理对玉米生育期土壤脲酶活性的影响

CK 处理，升幅为 27.05%，由此可说明土霉素对土壤脲酶活性的影响与玉米生长发育有关。一般而言，施用不同基质对土壤脲酶活性有不同程度的影响，而单施菌糠（JK）处理的土壤脲酶活性在玉米三个生育期均比 OTC 处理高，升幅分别为 77.34、63.36 和 16.12%。玉米不同生育期土壤脲酶活性大小顺序为：成熟期>拔节期>幼苗期。

图 3-14 为不同处理对玉米生育期土壤碱性磷酸酶活性的影响。与初始土壤相比，施用不同基质的玉米不同生育时期土壤碱性磷酸酶活性无明显差异。与 CK 处理相比，OTC 处理对玉米不同生育时期的土壤碱性磷酸酶活性无明显影响。这一结果表明，土霉素对土壤碱性磷酸酶活性并无影响。而在玉米拔节期和成熟期，施用不同基质对土壤碱性磷酸酶活性有不同程度的影响，与 OTC 处理相比，单施蚯蚓粪（QY）、单施菌糠（JK）、菌剂配施蚯蚓粪（JQ）和菌剂配施菌糠（JJ）处理对土壤碱性磷酸酶活性的影响显著高于 OTC 处理（$P<0.05$）。此外，玉米生育期从幼苗期到成熟期，单施蚯蚓粪（QY）、单施菌糠（JK）、菌剂配施蚯蚓粪（JQ）和菌剂配施菌糠（JJ）处理使土壤碱性磷酸酶活性分别从 6.16%提高到 11.08%、4.97%到 18.13%、5.39%到 15.04%和 5.74%到 18.91%。玉米不同生育期的土壤碱性磷酸酶活性大小顺序为：苗期≈成熟期>拔节期。

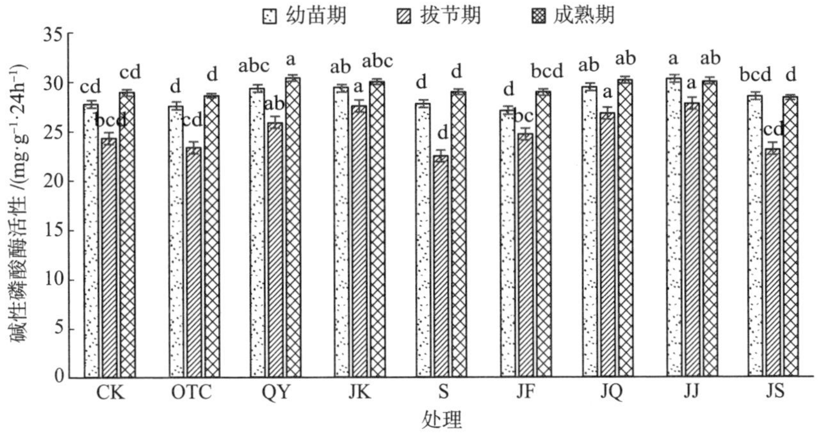

图 3-14　不同处理对玉米生育期土壤碱性磷酸酶活性的影响

图 3-15 为不同处理对玉米生育期土壤蔗糖酶活性的影响。与初始土壤

相比，处理S、JQ和JJ使土壤成熟期的蔗糖酶活性分别提高了15.07%、42.31%和3.25%。与CK相比，OTC处理对玉米整个生育期的蔗糖酶活性没有影响，说明土霉素对土壤蔗糖酶活性无明显影响。总的来说，在玉米整个生育期，土壤中添加不同基质会影响土壤蔗糖酶活性，然而只有JK处理能显著提高玉米整个生育期土壤蔗糖酶活性（$P<0.05$），与CK相比，JK处理蔗糖酶在幼苗期、拔节期、成熟期分别提高31.44%、18.19%和65.02%。此外，在玉米苗期和拔节期，与OTC处理相比，JJ处理的土壤蔗糖酶活性分别提高了40.71%和26.93%。在玉米苗期和成熟期，JQ处理与OTC处理相比，土壤蔗糖酶活性分别提高了15.56%和50.56%。在玉米生育期，土壤蔗糖酶活性大小顺序为：苗期≈成熟期>拔节期。

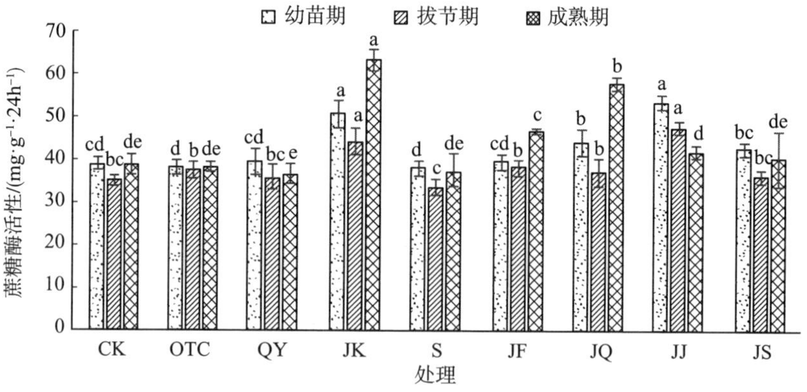

图3-15　不同处理对玉米生育期土壤蔗糖酶活性的影响

图3-16为不同处理对玉米生育期土壤过氧化氢酶活性的影响。初始土壤的过氧化氢酶活性显著高于玉米不同时期的过氧化氢酶活性。与CK处理相比，OTC处理的玉米整个生长期的过氧化氢酶活性差异均不显著，这表明土霉素对土壤过氧化氢酶活性没有影响。一般来说，在土壤中添加不同基质会影响土壤过氧化氢酶的活性。在玉米幼苗期，与OTC处理相比，JJ处理能显著提高土壤过氧化氢酶活性，增幅为16.12%（$P<0.05$）。在玉米拔节期，QY、JK、JF、S、JQ、JJ和JS处理的土壤过氧化氢酶活性低于OTC处理。在玉米成熟期，与OTC处理相比，QY处理能显著提高土壤过氧化氢酶活性，增幅为40.43%（$P<0.05$）。玉米生育期，土壤过氧化氢酶

活性大小顺序为：拔节期≈成熟期>苗期。

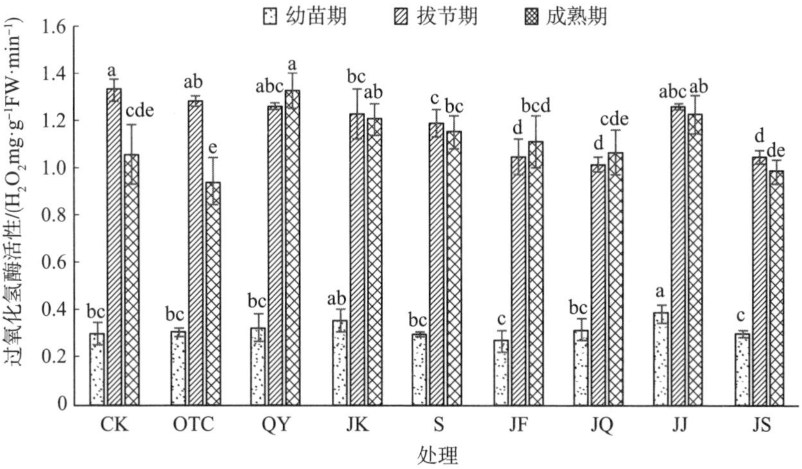

图3-16　不同处理对玉米生育期土壤过氧化氢酶活性的影响

6.3.2　不同基质对土霉素污染土壤微生物量碳、氮的影响

表3-5表示不同基质对土霉素污染土壤的微生物量碳、氮的影响。玉米在不同生育期时，土壤微生物量碳的变化较大，变幅为119.35～468.1mg·kg^{-1}，微生物量氮的变化幅度相对较小，为5.75～60.00mg·kg^{-1}。这一结果表明，不同基质对土壤微生物量碳、氮均有不同程度影响。在玉米幼苗期，与OTC处理相比，JF和S处理均对土壤的微生物量碳和微生物量氮有促进作用。在玉米拔节期，JJ处理的微生物量碳显著高于OTC处理（$P<0.05$），增幅为31.99%。在玉米成熟期，与OTC处理相比，JK、JF、S、JQ、JJ和JS处理显著增加了土壤微生物量碳、氮。玉米在整个生育期内，土壤微生物量碳、氮均遵循拔节期≈成熟期>苗期的趋势，这与土壤过氧化氢酶活性的趋势相同。

表3-5　不同基质对土壤微生物量碳、氮的影响

处理	微生物量碳/（mg·kg^{-1}）			微生物量氮/（mg·kg^{-1}）		
	幼苗期	拔节期	成熟期	幼苗期	拔节期	成熟期
CK	206.4±17.3bc	282.4±27.3c	200.0±23.1de	8.4±0.8cd	5.7±1.0e	43.4±5.5bc
OTC	221.5±17.6ab	354.8±32.8b	180.5±15.8e	9.2±0.4cd	27.2±2.1a	35.1±5.8c
QY	162.2±17.6d	321.2±21.5bc	179.9±8.6e	9.8±1.0c	17.8±1.3c	52.0±6.0ab

（续）

处理	微生物量碳/（mg·kg⁻¹）			微生物量氮/（mg·kg⁻¹）		
	幼苗期	拔节期	成熟期	幼苗期	拔节期	成熟期
JK	119.3±19.1e	355.7±23.7b	358.9±35.8b	25.3±2.7a	15.8±1.8c	60.0±7.3a
S	234.5±18.8 a	298.2±21.2c	233.7±33.5d	14.7±2.5b	17.4±1.6c	48.2±9.0ab
JF	234.1±12.7a	261.3±25.4cd	458.1±31.4a	11.3±2.3c	23.4±1.2b	32.5±4.6c
JQ	192.1±12.2c	230.3±21.0d	282.7±26.0c	16.5±2.1b	30.6±4.9a	50.5±11.5ab
JJ	134.5±18.0e	468.4±25.6a	233.0±27.6d	6.5±2.1d	15.2±2.6c	51.7±9.5ab
JS	234.2±16.0a	280.2±15.9c	234.6±18.1d	8.5±1.8cd	9.8±1.8d	49.0±8.2ab

6.3.3 不同基质对玉米成熟期土壤养分含量的影响

玉米成熟期时土壤的养分变化情况见表3-6。与初始土壤相比，S处理使土壤有机质增加73.97%，JQ处理使土壤有效氮含量增加6.66%，JQ和JJ处理使土壤中的有效磷含量分别增加58.56%和105.99%。S和JJ处理使土壤速效钾分别增加109.24%和22.26%。除OTC处理外，其他处理的阳离子交换量均高于初始土壤。此外，值得注意的是在玉米成熟期，处理的pH均大于初始土壤。在玉米成熟期，与OTC处理相比，S和JS处理显著增加了土壤有机质（$P<0.05$），增幅分别为155.02%和140.06%。与OTC处理相比，QY、JK、JQ和JJ处理能显著提高土壤中速效磷的含量，增幅分别为48.70%、70.93%、50.89%和96.03%。与OTC处理相比，JK、S、JJ和JS能显著提高土壤速效钾含量（$P<0.05$），增幅分别为42.78%、140.92%、40.76%和134.37%。但是与OTC处理相比，JQ处理能显著提高土壤碱解氮含量（$P<0.05$），增幅为53.03%。并且，施加不同基质处理的阳离子交换量均高于OTC处理，但是各处理间的pH无显著差异。

表3-6 玉米成熟期土壤养分含量

处理	有机质/（g·kg⁻¹）	碱解氮/（mg·kg⁻¹）	有效磷/（mg·kg⁻¹）	有效钾/（mg·kg⁻¹）	阳离子交换量/（cmol·kg⁻¹）	pH
CK	10.19±0.33b	21.00±2.47b	13.43±0.52c	187.89±24.77c	5.05±1.1d	8.29±0.32ab
OTC	9.96±0.47b	21.44±3.88b	17.37±3.09c	197.85±27.31c	2.76±1.29e	8.3±0.07ab
QY	10.55±0.43b	26.25±3.78b	25.83±3.18b	194.86±13.16c	6.29±1.22cd	8.4±0.13ab

（续）

处理	有机质/（g・kg⁻¹）	碱解氮/（mg・kg⁻¹）	有效磷/（mg・kg⁻¹）	有效钾/（mg・kg⁻¹）	阳离子交换量/（cmol・kg⁻¹）	pH
JK	9.90±3.85b	25.38±3.64b	29.61±5.75ab	282.49±39.61b	7.12±1.48c	8.59±0.37ab
S	25.40±0.76a	25.81±6.61b	12.76±4.11c	476.66±24.01a	21.25±1.59a	8.39±0.13ab
JF	11.03±1.13b	23.19±2.03b	12.26±1.7c	173.95±25.30c	6.29±0.90cd	8.63±0.24ab
JQ	11.23±0.65b	32.81±6.17a	26.21±4.18b	195.86±21.33c	7.33±0.80c	8.44±0.10ab
JJ	10.97±0.22b	26.25±1.43b	34.05±8.94a	278.50±24.42b	7.12±1.17c	8.47±0.22ab
JS	23.91±0.53a	21.61±2.69b	15.90±3.24c	463.71±23.08a	17.97±1.02b	8.31±0.08ab

7　不同基质对玉米和土壤土霉素残留特征的影响

7.1　不同基质对玉米不同器官土霉素残留量的影响

由图 3－17 可知，OTC 处理的玉米根部吸收土霉素量最高，并且添加不同基质后，各处理均低于 OTC 处理。与 OCT 处理相比，QY、JK、S、JF、JQ、JJ 和 JS 处理降幅分别为 17.06%、29.28%、30.84%、29.02%、16.48%、24.60%和 17.78%。总的趋势可见，配施处理中的 JQ 和 JS 相比单施处理的 QY 和 S 处理吸收的土霉素多，而 JJ 处理和 JK 处理差异不显著。

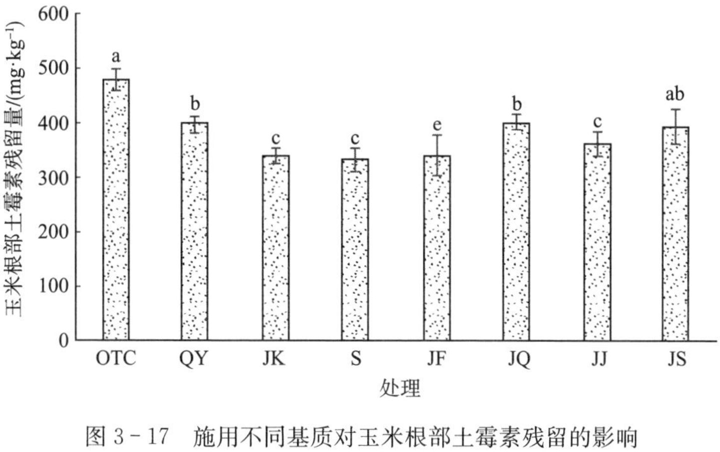

图 3－17　施用不同基质对玉米根部土霉素残留的影响

由图 3－18 可知，OTC 处理的玉米茎部吸收土霉素量最大，而添加不同基质后的处理均显著低于 OTC 处理，QY、JK、S、JF、JQ、JJ 和 JS 处理相对于 OTC 处理来说，降幅分别为 22.29%、30.48%、40.12%、43.01%、44.10%、34.94%和 43.25%，其中，单施处理 S 和配施处理 JS 的玉米茎部土霉素含量最低。

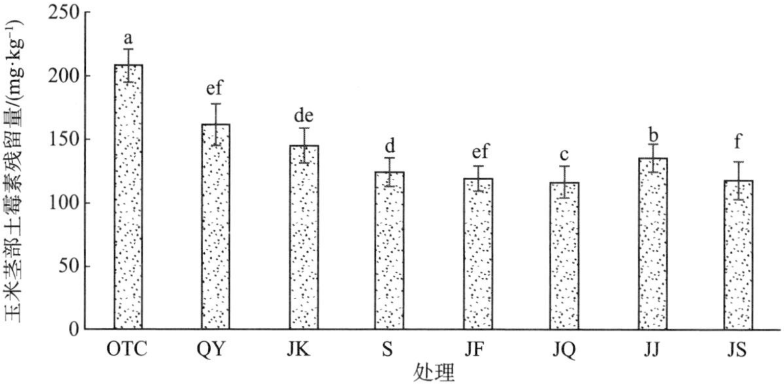

图 3-18　施用不同基质对玉米茎部土霉素残留的影响

由图 3-19 可知，OTC 处理的玉米叶部残留土霉素量最大，而添加不同基质处理均低于 OTC 处理。与 OTC 处理相比，QY、JK、S、JF、JQ、JJ 和 JS 处理降幅分别为 1.25%、23.39%、16.61%、28.39%、25.36%、48.93%和 26.79%。总趋势为，JF、JK 和 JJ 处理残留的土霉素含量最低。

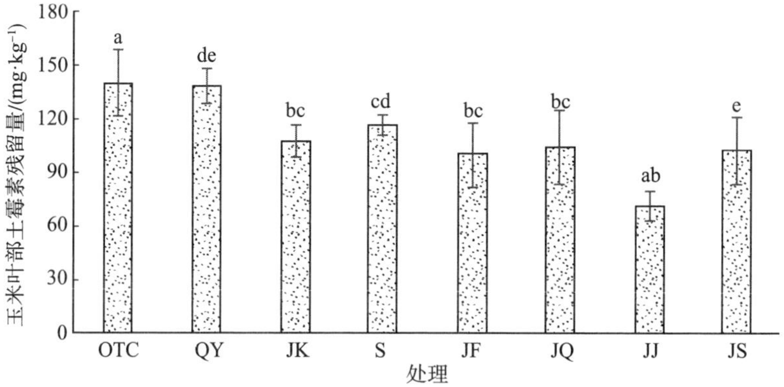

图 3-19　施用不同基质对玉米叶部土霉素残留的影响

由图 3-20 可知，OTC 处理的玉米吸收土霉素量最大，而添加不同基质的处理均显著低于 OTC 处理（$P<0.05$）。与 OTC 处理相比，QY、JK、S、

JF、JQ、JJ 和 JS 处理降幅分别为 56.18%、21.18%、52.94%、38.53%、16.76%、54.41%和 70.88%。总体可见，所有处理的玉米籽粒均不同程度地残留了土霉素，而 QY、S、JJ 和 JS 处理的玉米籽粒土霉素含量最少。

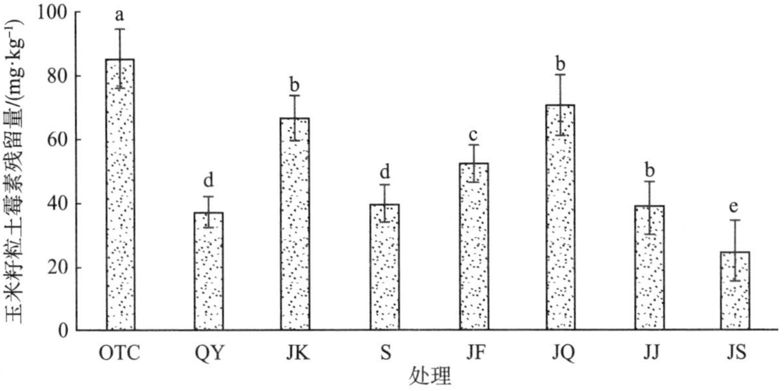

图 3-20　施用不同基质对玉米籽粒土霉素残留的影响

7.2　不同基质对玉米中土霉素累积效率分析

表 3-7 表示玉米植株中土霉素的转运系数。转运系数（Translocation Factor，TF）是植物地上部污染物质量分数与地下部污染物质量分数之比（转运系数=玉米地上部分的抗生素含量/玉米地下部分的抗生素含量），用来评价植物将污染物从地下部向地上部的转移和富集的能力。当转运系数>1 时表示土霉素主要聚集在植物地上部分，当转运系数<1 时表示土霉素主要聚集在植物地下部分。由表 2-7 可知，所有处理玉米植株土霉素的转运吸收均小于 1，这表明土霉素主要吸收在玉米的地下部分，即根部。OTC 处理在所有处理中转运系数最大（0.96），而施用不同基质后的玉米植株土霉素的转运系数均小于 OTC 处理。配施处理 JJ 和 JS 处理均小于单施处理 QY、JK、S 和 JF 处理，这表明通过菌剂配施菌糠和生物质炭后均能显著降低土霉素向玉米地上部分的迁移。

表 3-7　玉米植株土霉素转运系数（TF）

处理	OTC	QY	JK	S	JF	JQ	JJ	JS
转运系数	0.96	0.87	0.93	0.85	0.79	0.72	0.67	0.62

7.3 不同基质对土壤土霉素残留的影响

玉米成熟期土壤中OTC残留量如图3-21所示。施加不同基质处理的土霉素残留量显著低于OTC处理（$P<0.05$），降幅为77.22%～97.97%。这可能是由于土壤中的土霉素分子与不同基质的结合降低了OTC的生物有效性[17]。据报道，不同基质可以改善玉米根际微生物的生长环境，从而有可能使得土壤中的土霉素被降解[18]。此外，与单施处理QY、JK和S相比，配施处理JQ、JJ和JS分别对应降低了89.47%、80.11%和82.78%。可见，各基质配施菌剂后，对土霉素消减有显著作用，而菌剂处理（JF）的土霉素浓度显著低于蚯蚓粪（QY）、菌糠（JK）、生物质炭（S）处理，降幅分别为80%、83%和83%。说明同在单施条件下，菌剂对土霉素的消减的作用更为显著。可见，添加微生物菌剂可以有效去除土壤中土霉素的残留量[19]。

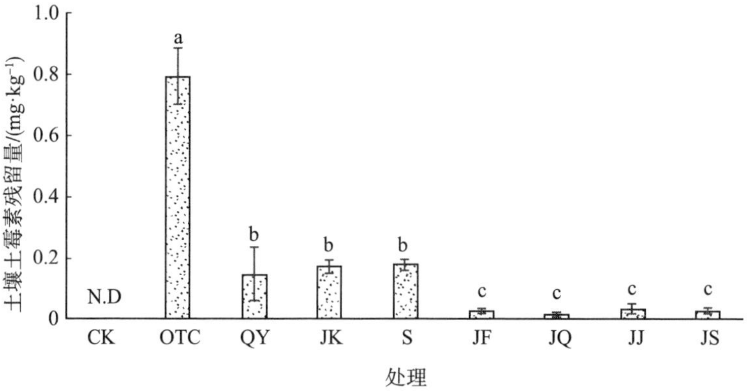

图3-21 施用不同基质对玉米成熟期土壤土霉素残留量的影响

8 讨论

8.1 不同基质对土霉素污染土壤玉米生长状况的影响

本研究通过进行玉米盆栽试验探讨了外源添加土霉素对玉米生长的影响，发现外源添加50mg·kg^{-1}的土霉素会显著抑制玉米的生物量，包括根干重和株干重等。据报道，产生这类现象的原因可能是土霉素属于四环素类抗生素，它会抑制核糖体的 30S 小亚基活性，从而阻止了 tRNA 在识别了氨基酸形成复合物后，抑制了蛋白质的表达，所以抑制了根部的干物质积累量[20]。玉米在生长过程中，种子破裂最先生长的是根系，而根系是玉米最先开始吸收土壤环境中各种各样因子的器官，所以玉米根系上可能有类似的物质存在，所以抑制了蛋白质或干物质的积累量。前人[21]的试验结果也显示，四环素类抗生素在植物地下部分的残留量大于植物地上部分残留量。不同基质均能在不同范围幅度内缓解土霉素对玉米干物质积累的影响，其中，菌剂配施蚯蚓粪处理下的玉米地上部分干重最显著，而菌剂单独施入的玉米根干重最明显。这可能是因为菌剂作为一种现代人工技术合成的肥料，不仅单独施入能提高土壤原有的微生物活性而且可以通过配施蚯蚓粪活化了被固定的有效养分，促进了玉米在全生育期的生长和发育。施用不同基质均能在不同程度上提高玉米籽粒重，其中 JQ 处理最佳，说明菌剂配施蚯蚓粪后可以释放土壤和蚯蚓粪中的养分供植物吸收利用。

OTC 处理会降低玉米幼苗和拔节期的叶绿素含量，但是成熟期会促进玉米叶绿素的含量，出现此规律的原因可能是在玉米成熟期，土壤中残留的土霉素很低，会造成“毒物兴奋”作用。据报道，土霉素可以促进细胞内 DNA 或者 RNA 的表达，进而促使蛋白质的合成，并且土霉素还可能通过减少植物细胞中叶绿素酶的量来达到延迟叶绿素的分解作用[22]，进而促进叶绿素的累积。土霉素处理会显著改变玉米叶片的光合速率，OTC 处理会抑制玉米的 Pn、Gs 和 Ts 值，并且会提高 Ci 值。造成这一原因的结果可能是由于植物叶片在进行光合作用时，传递光能的电子会被土霉素结合并且抑制了叶绿体中各种进行光反应色素的产生[23]。据报道，土霉素通过迁移和转化后会以分子的形式出现在植物叶片的气孔中，这可能也是导致土霉素抑制植物光合速率的重要理论之一[24]。不同的基质处理均能不同程度地提高玉米光合效率，单施菌糠的 Pn、Gs 和 Ts 值最高，这可能是由于菌糠自身的特性导致的。

OTC 处理对玉米的抗氧化酶系统中的过氧化氢酶和过氧化物酶造成不同程度的促进或者抑制作用。OTC 处理玉米过氧化氢酶的幼苗期规律与拔节期和成熟期规律相反，造成这一现象的原因可能是植物本身的抗氧化酶系统存在一个阈值，当土霉素污染程度越来越严重时，玉米的抗氧化酶系统便不能产生保护酶来清除多余的物质。但是过氧化物酶的活性在玉米的整个生长发育阶段的趋势都是土霉素处理大于CK处理，这可能是由于土霉素污染的程度还在过氧化物酶系统的临界范围之内，所以能不断地产生过氧化物酶去清除。在玉米成熟期，JS处理的过氧化氢酶活性和过氧化物酶活性均大于OTC处理，说明菌剂配施生物质炭不仅能有效地降低土霉素残留量，而且可以促进玉米产生酶活性来保护自身系统，以此来抵御外源污染物。另外CAT活性在玉米生育期的变化总体趋势是：拔节期＞成熟期＞幼苗期，而POD活性却是：成熟期＞拔节期＞幼苗期。这一研究结果与王丽娜等[22]一致，造成这一现象的主要原因可能与玉米营养生长和呼吸作用强度有关。

本研究发现土霉素会刺激玉米产生大量的脯氨酸和可溶性糖。脯氨酸作为一种细胞质渗透调节物质可降低细胞酸度和维持细胞氧化还原势。在不同基质处理下，玉米不同生育期各基质处理间的脯氨酸含量出现不同规律，在幼苗期、拔节期和成熟期时，以施入生物质炭（S）、菌剂＋蚯蚓粪（JQ）和菌糠（JK）处理的玉米脯氨酸含量最低。原因可能JQ和JK处理增加了玉米蛋白质的含量，从而降低了脯氨酸的积累，其机理有待进一步研究。据报道，可溶性糖和脯氨酸可以用作植物在遭受抗生素污染时的生理指标，它和可溶性糖同样是植物在遭受外源抗生素污染时产生的物质，它们的主要作用就是通过细胞内的代谢和生化反应来调节渗透压。单施蚯蚓粪和菌糠能降低植物叶片中的可溶性糖含量，且趋势和脯氨酸一致，这说明蚯蚓粪和菌糠都能在植物遭受抗生素胁迫时表现出一定的保护作用。

8.2 不同基质对土霉素污染土壤理化性质的影响

脲酶能促进土壤中尿素水解成氨，它能指示玉米对氮肥的敏感程度[25]，JK处理提高了玉米整个生长发育期的脲酶活性。蔗糖酶能促进蔗糖在土壤中水解成葡萄糖和果糖，JK和JQ处理提高了玉米整个生长发育期的蔗糖酶活性。这可能是由于蚯蚓粪能提供大量的营养元素，并且蚯蚓粪与菌剂配施使土壤的养分产生了激发效应。已经有研究表明，施用蚯蚓粪可以提高土壤中的酶和微生物活性[26]。土壤碱性磷酸酶的活性影响有机磷的转化和分解，由于其生物学效应[25]，碱性磷酸酶主要是细菌或真菌产生的土壤酶。在目前的研究结果中，与OTC处理相比，QY、JK、JQ和JJ处理对玉米生长发育期的碱性磷酸酶有显著影响，这可能是与菌剂、蚯蚓粪和菌糠的性质有关[27]。蚯蚓粪和菌糠含有丰富的有机质，它们可以促进土壤潜力的特定生化反应[28]，从而显著提高土壤肥力[29]。过氧化氢酶主要来源于真菌、植物根系和细菌的分泌物[30]，过氧化氢酶广泛存在于生物体中，它主要是通过消除过氧化氢从而产生氧气和水，达到减少过氧化氢对细胞的影响[31]。Qian等[32]研究所使用的井冈霉素在240mg・kg^{-1}时能显著降低土壤过氧化氢酶活性。这可能是由于抗生素干扰了土壤微生物的内部代谢，从而破坏了土壤酶的活性。Chi等[33]表明土霉素和过氧化氢酶之间存在一个结合位点，是由范德华力和氢键力形成的，过氧化氢酶与土霉素结合后其活性被显著抑制。值得注意的是，JJ和JF处理可以提高土壤过氧化氢酶的活性，这是由于菌剂配施后，促进了土壤有效养分的分解，提高了过氧化氢酶的活性[34]，微生物菌剂不仅提高了土壤微生物的活性，而且促进了微生物对营养元素分解的释放速度。Xu报道[30]，菌剂不仅为植物生长提供了有利条件，而且还减少了潜在的环境危害。也有报道称[35]，石灰（5g・kg^{-1}）和菌剂配施后可以显著增加土壤磷酸酶和脲酶活性。

土壤微生物量是土壤有机质的活性组分，在有效养分和碳的来源中起着关键作用[36]。JF处理在玉米苗期改善了微生物量碳和微生物量氮，这可能是因为菌剂可以促进玉米在生长早期对土壤有效养分的释放[37]。而在玉米成熟期，所有不同处理均能提高土壤的微生物量碳和微生物量氮，这可能是由于玉米的性质与土壤本身的关系[38]。

在玉米成熟期，与OTC处理相比，本研究的土壤的有机质、速效氮、速效钾、速效磷、pH无显著差异，说明土霉素对土壤肥力无显著影响。但是，不同基质处理的阳离子交换量明显高于OTC处理[39]。这可能与土霉素分子结构的特点有关，土霉素和阳离子通过络合作用可形成2∶1络合物。也有报道称，土壤中的有机质含有大量的官能团，例如羧基和羟基等，它们可以为带正电的抗生素提供潜在的吸附位点[40]。章明奎等人也通过长期定位试验表明农田土壤中对土霉素的吸附主要和土壤的黏粒、有机质和Fe_2O_3含量有关[41]。

8.3　不同基质对土霉素污染土壤玉米不同器官和土壤残留量的影响

总趋势为，OTC处理玉米各器官的土霉素残留量均大于其他处理，这和他人的研究结果较一致[42]。所有处理玉米植株的根、茎、叶和籽粒器官中均残留了土霉素，不同器官中土霉素的残留量有很大的差异，且不同器官残留量总体为：根＞茎＞叶＞籽粒，其中，根部土霉素残留量显著高于其他器官[43]。这和 Liu[44]的研究结果相似，这可能是由于玉米植物的特性导致的。根系是玉米重要的吸收和代谢器官，其生长情况会直接影响玉米地上部分生长的情况，因为玉米根部长期生活在土壤中，土壤中大部分的土霉素首先就会被玉米植株根部所吸收，根部富集了大量的土霉素后，会影响玉米运输水分和养分的能力，所以玉米的生理特性和光合效率会降低，这和重金属对植物的抑制作用类似。也有可能是因为玉米植株传输 OTC 的能力有限，并不能无限制地从根部转移抗生素到地上部分，所以导致了地下部分的土霉素积累较多[45]。对玉米植株不同器官的土霉素残留量分析可知，在玉米根部 JS、QY 和 JQ 处理的土霉素残留量最大，但是在玉米的茎、叶和籽粒中，JS 处理的土霉素残留量较小，这和根部土霉素残留的规律基本相反。菌剂和生物质炭配施后，由于菌剂的特性且生物质炭有巨大的比表面积，会导致大部分的土霉素固定在土壤或者生物质炭中，从而玉米地上部分的残留量会相对少一些。章明奎等人证实了生物质炭会降低抗生素在植物中的残留[46]，这可能是因为生物质炭和菌剂配施后减少了土壤中土霉素的有效性。

菌剂配施不同基质后均能在不同程度上降低土壤的土霉素残留量，尤其以菌剂配施蚯蚓粪的土壤土霉素残留量最低。这可能是因为菌剂和蚯蚓粪配施后能改善土壤的微生物区系和土壤的微生态环境，加速了土壤的熟化[47]。蚯蚓粪是由蚯蚓长期分解和转化土壤中的有机质为氨基酸或者酚类等物质，并在蚯蚓肠道内的微生物作用下，最终形成的含有团聚体的腐殖质[48]。现代研究表明，蚯蚓粪不仅可以促进植物生长[49]，而且可以抑制土壤传染病的危害[50]，蚯蚓粪中腐殖质中含有的腐殖酸是吸附污染物的重要吸附剂[51]。并且也有研究表明蚯蚓粪内含有大量的微生物[52]，蚯蚓粪和菌剂配施可能对土壤中的土霉素起到了生物吸附、富集、降解或者降低土霉素的生物有效性的协同作用。

9　结论

（1）玉米的生物量会显著受到土霉素的抑制，并且土霉素对玉米地下部分的抑制作用明显大于地上部分。添加不同基质（菌糠、生物质炭、蚯蚓粪和菌剂）均能不同程度提高玉米地上部分和地下部分的生物量，其中单施菌糠（JK）、菌剂配施蚯蚓粪（JQ）和菌剂配施生物质炭（JS）处理对玉米生长发育的促进作用最为明显。

（2）土霉素显著抑制了玉米的光合速率（Pn、Gs和Ts），添加不同基质均能减少土霉素对玉米光合速率的影响，其中单施菌糠、生物质炭、菌剂和菌剂配施生物质炭处理效果最显著。所有处理中，单施菌糠处理均显著提高了玉米整个生育期的叶绿素含量。

（3）土霉素影响了玉米抗氧化酶活性的分泌。在幼苗期和拔节期，土霉素会抑制玉米的过氧化氢酶活性，但是成熟期却促进过氧化氢酶活性的分泌。过氧化氢酶活性在玉米生育期的变化趋势是：拔节期＞成熟期＞幼苗期；玉米在生长期内，会不断产生过氧化物保护酶，且过氧化物酶活性的变化趋势为：成熟期＞拔节期＞幼苗期。在所有基质中，单施菌糠、生物质炭和菌剂配施生物质炭和蚯蚓粪的处理效果最佳。土霉素会显著提高玉米生育期脯氨酸和可溶性糖的含量，施入不同类型基质均能在一定程度上减少玉米脯氨酸和可溶性糖含量。在所有基质处理中，菌剂配施蚯蚓粪和单施菌糠处理降幅最为显著。

（4）土霉素显著抑制了土壤过氧化氢酶活性、微生物量碳和阳离子交换量，但是土霉素对土壤肥力指标的影响并不敏感。总趋势可见，单施菌糠和菌剂以及菌剂配施不同基质均可提高土壤酶活性和微生物量碳氮。

（5）所有处理的玉米根、茎、叶和籽粒器官中均残留了土霉素。玉米对土霉素的富集主要集中于根部，不同器官残留量总体趋势为：根＞茎＞叶＞籽粒。在玉米根部JS、QY和JQ处理的土霉素残留量最大，但是在玉米地上部分，JS处理的土霉素残留量在茎、叶和籽粒中残留较小，这和根部土霉素残留的规律基本相反。所有处理中，JS处理的玉米植株对土霉素的转运系数最低，其次为JJ处理，JS和JJ处理的转运系数均低于JK、S、QY和JF等单施处理。通过施用不同基质，JQ、JS和JJ处理土壤中土霉素残留量为最低，并且显著低于QY、S、JK和JF等单施处理。在所有处理中，菌剂配施不同基质（菌糠、生物质炭、蚯蚓粪）可显著降低土壤土霉素残留量，其中以JQ处理的土壤土霉素残留量最低。

（6）综上所述，不同基质（菌糠、生物质炭和蚯蚓粪单施及配施菌剂）均能在一定程度上降低土霉素对玉米和土壤的影响，其中，生物质炭配施菌剂最为显著。

参考文献

[1] Qin J M，Xiong H Y，Ma H T，et al. Effects of different fertilizers on residues of oxytetracycline and microbial activity in soil [J]. Environ. Sci. Pollut. Res.，2019，26（1）：161－170.

[2] 熊华烨，秦俊梅，马浩天．含土霉素土壤添加不同基质后对玉米生理特性的影响 [J]. 水土保持学报，2018，32（2）：283－289.

[3] 章明奎，顾国平，徐秋桐．生物质炭降低蔬菜吸收土壤中抗生素的作用 [J]. 农学学报，2016，6（1）：42－46.

[4] 高俊凤．植物生理学实验指导 [M]. 北京：高等教育出版社，2006.

[5] 何书美，刘敬兰．茶叶中总黄酮含量测定方法的研究 [J]. 分析化学，2007，35（9）：1365－1368.

[6] 周礼恺，张志明．土壤酶活性的测定方法 [J]. 土壤通报，1980（5）：37－38＋49.

[7] 鲍士旦．土壤农化分析 [M]. 北京：农业出版社，1980.

[8] 林启美，吴玉光，刘焕龙．熏蒸法测定土壤微生物量碳的改进 [J]. 生态学杂志，1999，（2）：63－66.

[9] Cheng D，Yao F，Liu Y，et al. Quantitative models for predicting adsorption of oxytetracycline，ciprofloxacin and sulfamerazine to swine manures with contrasting properties [J]. Sci. Total Environ.，2018（634）：1148－1156.

[10] Cheng D，Liu X，Zhao S，et al. Influence of the natural colloids on the multi－phase distributions of antibiotics in the surface water from the largest lake in North China [J]. Sci. Total Environ.，2017（578）：649－659.

[11] 王春梅，闫双堆，卜玉山，等．As 对谷子萌发、幼苗生长及抗氧化酶系统的影响 [J]. 水土保持学报，2018（6）：352－358.

[12] 姚建华，牛德奎，李兆君，等．抗生素土霉素对小麦根际土壤酶活性和微生物生物量的影响 [J]. 中国农业科学，2010，43（4）：721－728.

[13] 陈柳芳．三种喹诺酮类抗生素对斜生栅藻的毒性效应 [D]. 长春：东北师范大学，2010.

[14] 贾茜茹，刘奋武，樊文华．硅对 Cd 胁迫下黄瓜苗期光合及抗氧化酶系统的影响 [J].

水土保持学报，2018，32（4）：321－326.

[15] Matute R G，Figlas D，Mockel G，et al. Degradation of Metsulfuron Methyl by Agaricus blazei Murrill Spent Compost Enzymes [J]. Biorem. J.，2012，16（1）：31－37.

[16] 肖礼，黄懿梅，赵俊峰，等．外源菌剂对猪粪堆肥质量及四环素类抗生素降解的影响 [J]. 农业环境科学学报，2016，35（1）：172－178.

[17] 段曼莉．生物炭对土壤中抗生素及其抗性基因变化的影响研究 [D]. 杨凌：西北农林科技大学，2018.

[18] Liu Y，Feng Y，Cheng D，et al. Dynamics of bacterial composition and the fate of antibiotic resistance genes and mobile genetic elements during the co－composting with gentamicin fermentation residue and lovastatin fermentation residue [J]. Bioresour. Technol.，2018（261）：249－256.

[19] Fazal A，Bano A. Role of Plant Growth－Promoting Rhizobacteria（PGPR），Biochar，and Chemical Fertilizer under Salinity Stress [J]. Commun. Soil Sci. Plant.，2016，47（17）：1985－1993.

[20] Kohanski M A，Dwyer D J，Collins J J. How antibiotics kill bacteria：from targets to networks [J]. Nat. Rev. Microbiol.，2010，8（6）：423－35.

[21] 迟荪琳，王卫中，徐卫红，等．四环素类抗生素对不同蔬菜生长的影响及其富集转运特征 [J]. 环境科学，2018，39（2）：935－943.

[22] 王丽娜．镍胁迫对玉米生理特性、氮磷钾营养元素吸收和产量的影响 [D]. 长春：吉林农业大学，2014.

[23] Opriş O，Copaciu F，Loredana S M，et al. Influence of nine antibiotics on key secondary metabolites and physiological characteristics in Triticum aestivum：leaf volatiles as a promising new tool to assess toxicity [J]. Ecotoxicol. Environ. Saf.，2013，87（1）：70－79.

[24] Di M G，Gismondi A，Canuti L，et al. Tetracycline accumulates in Iberis sempervirens L. through apoplastic transport inducing oxidative stress and growth inhibition [J]. Plant Biol.，2014，16（4）：792－800.

[25] Liu X M，Qi L I，Liang W J，et al. Distribution of soil enzyme activities and microbial biomass along a latitudinal gradient in farmlands of songliao plain，Northeast China. [J]. Pedosphere，2008，18（4）：431－440.

[26] Lavelle P，Martin A. Small－scale and large－scale effects of endogeic earthworms on soil organic matter dynamics in soils of the humid tropics. [J]. Soil Biol. Biochem.，1992，24（12）：1491－1498.

[27] Medina E，Paredes C，Bustamante M A，et al. Relationships between soil physico－

chemical, chemical and biological properties in a soil amended with spent mushroom substrate [J]. Geoderma, 2012, 173-174 (2): 152-161.

[28] Huang L, Gao X, Liu M, et al. Correlation among soil microorganisms, soil enzyme activities, and removal rates of pollutants in three constructed wetlands purifying micro-polluted river water. [J]. Ecol. Eng., 2012, 46 (3): 98-106.

[29] Lebrun J D, Trinsoutrotgattin I, Vinceslasakpa M, et al. Assessing impacts of copper on soil enzyme activities in regard to their natural spatiotemporal variation under long-term different land uses [J]. Soil Biol. Biochem., 2012, 49 (6): 150-156.

[30] Xu H L. Effects of compound microbial inoculant treated wastewater irrigation on soil nutrients and enzyme activities [J]. Int. J. Agric. Biol. Eng., 2016, 9 (6): 100-108.

[31] Xu Z G. Enzyme activities of urban soils under different land use in the Shenzhen city, China [J]. Plant, Soil Environ., 2008, 54 (8): 341-346.

[32] Qian H, Hu B, Wang Z, et al. Effects of validamycin on some enzymatic activities in soil [J]. Environ. Monit. Assess., 2007, 125 (1-3): 1-8.

[33] Zhenxing C, Rutao L, Hao Z. Potential enzyme toxicity of oxytetracycline to catalase [J]. Sci. Total Environ., 2010, 408 (22): 5399-5404.

[34] Schoebitz M, López M D, Roldán A. Bioencapsulation of microbial inoculants for better soil-plant fertilization. A review [J]. Agron. Sustainable Dev., 2013, 33 (4): 751-765.

[35] Pramanik P, Ghosh G, Ghosal P, et al. Changes in organic-C, N, P and K and enzyme activities in vermicompost of biodegradable organic wastes under liming and microbial inoculants [J]. Bioresour. Technol., 2007, 98 (13): 2485-2494.

[36] Martens R. Current methods for measuring microbial biomass C in soil: Potentials and limitations [J]. Biol. Fertil. Soils, 1995, 19 (2-3): 87-99.

[37] Saha R, Mishra V K, Majumdar B, et al. Effect of integrated nutrient management on soil physical properties and crop productivity under a maize (Zea mays) - mustard (Brassica campestris) cropping sequence in acidic soils of northeast India [J]. Commun. Soil Sci. Plant Anal., 2010, 41 (18): 2187-2200.

[38] Oo A N, Iwai C B, Saenjan P. Soil properties and maize growth in saline and nonsaline soils using cassava - Industrial waste compost and vermicompost with or without earthworms [J]. Land Degard. Dev., 2015, 26 (3): 300-310.

[39] Oka H, Ito Y, Matsumoto H. Chromatographic analysis of tetracycline antibiotics in foods [J]. J. Chromatogr. A., 2000, 882 (1): 109-133.

[40] Sibley S D, Pedersen J A. Interaction of the macrolide antimicrobial clarithromycin with

dissolved humic acid [J]. Environ. Sci. Technol., 2008, 42 (2): 422-428.

[41] 章明奎，王丽平，郑顺安. 两种外源抗生素在农业土壤中的吸附与迁移特性 [J]. 生态学报，2008，28 (2)：761-766.

[42] 秦俊梅，熊华烨，李兆君. 施用含四环素类抗生素鸡粪对玉米生长的影响及其残留特征 [J]. 灌溉排水学报，2018，37 (9)：22-28.

[43] 鲍陈燕，顾国平，章明奎. 兽用抗生素胁迫对水芹生长及其抗生素积累的影响 [J]. 土壤通报，2016，47 (1)：164-172.

[44] Liu X, Lv Y, Xu K, et al. Response of ginger growth to a tetracycline-contaminated environment and residues of antibiotic and antibiotic resistance genes [J]. Chemosphere, 2018 (201): 137-143.

[45] Wang F H, Qiao M, Chen Z, et al. Antibiotic resistance genes in manure-amended soil and vegetables at harvest [J]. J. Hazard. Mater., 2015 (299): 215-221.

[46] 章明奎. 生物质炭降低蔬菜吸收土壤中抗生素的作用 [J]. 农学学报，2016，6 (1)：42-46.

[47] 栗丽，李廷亮，孟会生，等. 菌剂与肥料配施对矿区复垦土壤养分及微生物学特性的影响 [J]. 应用与环境生物学报，2016 (6)：1156-1160.

[48] Elvira C, Goicoechea M, Sampedro L, et al. Bioconversion of solid paper-pulp mill sludge by earthworms [J]. Bioresour. Technol., 1996, 57 (2): 173-177.

[49] 申飞，朱同彬，滕明姣等. 蚓粪和益生菌互作对土壤性状及番茄产量和品质的影响 [J]. 应用生态学报，2016，27 (2)：484-490.

[50] Prasad D, Ram D, Ahmad I. Management of plant parasitic nematodes by the use of botanicals [J]. Ann. Plant Prot. Sci., 2002, 2 (1): 360-364.

[51] 王晶，张旭东，李彬，等. 腐殖酸对土壤中 Cd 形态的影响及利用研究 [J]. 土壤通报，2002，33 (3)：185-187.

[52] 李扬，乔玉辉，莫晓辉，等. 蚯蚓粪作为土壤重金属污染修复剂的潜力分析 [J]. 农业环境科学学报，2010，29 (S1)：250-255.

第4章　不同基质对四环素污染土壤理化性质及四环素向玉米体系迁移的影响

1　研究内容[1,2]

（1）不同基质对四环素污染土壤玉米生理特性的影响

该部分对玉米三个生育期（幼苗期、拔节期和成熟期）的玉米叶绿素、抗氧化酶活性、其他抗性因子、玉米不同器官的养分及成熟期的玉米植株生长参数进行测定，研究外源四环素污染下，不同基质对玉米生理特性的影响。

（2）不同基质对四环素污染土壤理化性质的影响

该部分对玉米三个生育期（幼苗期、拔节期和成熟期）的土壤酶活性、微生物量碳氮和成熟期土壤养分及其相关性状进行测定，研究外源四环素污染下，添加不同基质对土壤理化性质的影响。

（3）四环素在土壤—植物体系中的残留及迁移

该部分对成熟期玉米植株不同器官及土壤中的四环素残留量进行测定，并据此计算四环素在土壤—植物体系中的富集、转运系数，研究外源四环素污染下，添加不同基质对土壤—植物体系中四环素残留及迁移的影响。

（4）四环素类抗性基因在土壤—植物体系中的残留丰度

该部分对成熟期玉米植株不同器官及土壤中的 ARGs（两个外排泵基因 *tetB*、*tetG*；三个核糖体保护基因 *tetM*、*tetO*、*tetW*；一个酶修饰基因 *tetX* 整合子；一个可移动遗传原件 *intI*1）丰度进行测定，研究外源四环素污染下，添加不同基质对土壤—植物体系中四环素类抗性基因丰度的影响。

（5）四环素与四环素类抗性基因相关性分析

该部分对四环素及四环素类抗性基因的相关性进行分析，研究其相关性。

2　技术路线

技术路线见图 4-1。

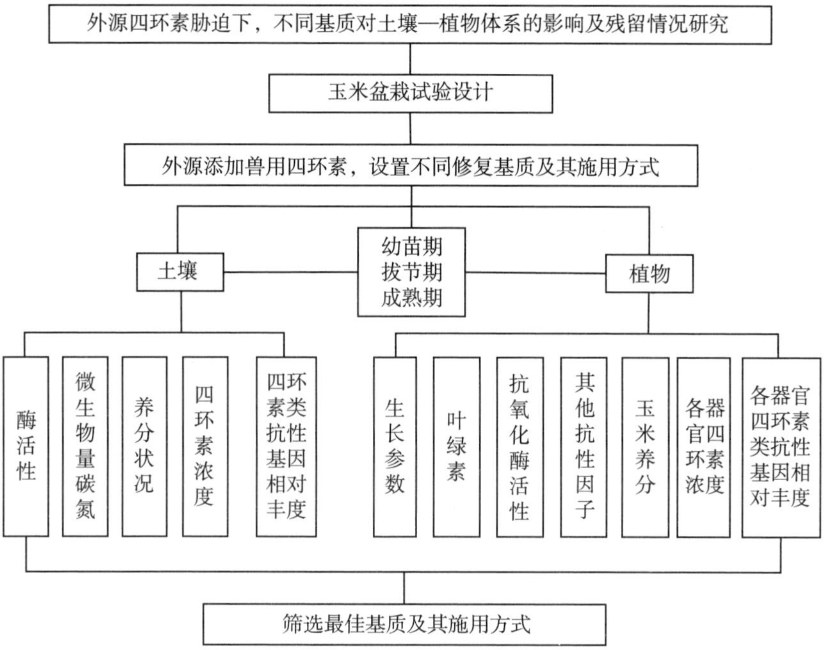

图 4-1　技术路线图

3　材料与方法

3.1　供试土壤

供试土壤采自山西省太谷县农田 0～20cm 的耕层土壤，为石灰性褐土，土壤风干后过 2mm 和 1mm 筛，分别用于玉米盆栽试验和土壤基本理化性质的测定。供试土壤的基本理化性质为：全氮、全磷和全钾含量分别为 0.51，0.26，1.34g・kg^{-1}，碱解氮、速效磷和速效钾含量分别为 37.75，22.39，143.42mg・kg^{-1}，有机质含量为 24.99g・kg^{-1}，阳离子交换量为 8.81cmol・

kg^{-1}，pH 8.63，全盐量为0.0384%，土壤机械组成为黏粒（<0.001mm）占40.19%、粉粒（0.001～0.01mm）占40.33%、砂粒（>0.01mm）占19.48%。供试土壤TC浓度为0.015mg·kg^{-1}；*intI*1，*tetG*，*tetM*和*tetO*的相对丰度分别为2.21×10^{-5}，7.18×10^{-6}，1.51×10^{-6}和1.03×10^{-6}，未检测到*tetX*。

3.2 供试玉米与肥料

供试玉米品种为“沃玉963号”，生育期为128d，种植前用去离子水冲洗和浸泡2～3h，选取10颗饱满且均匀的种子进行播种。

盆栽所用肥料为腐殖酸复合肥，其配比浓度N∶P_2O_5∶K_2O为18∶18∶18，总养分≥54%，施用量为0.75g·kg^{-1}。

3.3 供试四环素与基质

兽用四环素购于灵安生物科技兽药直销店，纯度≥98%；菌剂购于山西省太谷县肥料公司，且有效活菌数≥2×10^8个·g^{-1}；蚯蚓粪购于山东瓦力生物科技有限公司；生物炭购于山西省平遥县晟宏生物质能源开发有限公司；菌糠购于聚荣顺农业科技有限公司。蚯蚓粪、菌糠和生物炭的全氮含量分别为23.34、12.79和10.15g·kg^{-1}，全磷含量分别为25.93、5.58和11.86g·kg^{-1}，全钾含量分别为21.52、15.66和23.65g·kg^{-1}。

3.4 试验方案

试验于2018年4月18日在山西农业大学资源环境学院温室大棚（37° 25′24.23″，112° 34′ 33.66″）进行。采用玉米盆栽试验，外源添加兽用四环素作为污染物，共设置9个处理，分别为CK处理（不添加四环素）、TC处理（添加四环素）、QY处理（添加四环素+蚯蚓粪）、JK处理（添加四环素+菌糠）、JF处理（添加四环素+菌剂）、S处理（添加四环素+生物炭）、JQ处理（添加四环素+菌剂+蚯蚓粪）、JJ处理（添加四环素+菌剂+菌糠）、JS处理（添加四环素+菌剂+生物炭），每个处理重复4次。在本试验中，四环素施用量为50mg·kg^{-1}，该浓度是参考大量相关研究[6]

选择的中等添加浓度，菌剂施用量为 50mg·kg^{-1}，蚯蚓粪、菌糠和生物炭施用量均为 15g·kg^{-1}。盆栽每盆装土 12.5kg，并将上述肥料、四环素及各处理对应添加的基质与土壤充分混匀，装盆之后各处理随机排列，并于 4 月 18 日进行盆栽玉米播种；5 月 14 日三叶期间苗，每盆采集 6 株玉米幼苗，保留 4 株；6 月 23 日拔节期间苗，每盆采集 3 株玉米植株，保留 1 株；8 月 16 日收割玉米盆栽；各时期均将土壤样品、玉米植株的根、茎、叶及成熟期籽粒分别装入塑封袋中，分别在－80℃或－20℃下保存，用于后续项目测定。

4　测定项目与方法

4.1　玉米生理指标的测定

玉米生理指标的测定方法见表 4－1。

表 4－1　玉米生理指标的测定方法

测定指标		测定方法	参考文献
光合作用指标	叶绿素	80%丙酮研磨法	植物生理学实验指导[7]
抗氧化酶活性	超氧化物歧化酶	NBT 光还原法	Choudhary et al.（2007）[8]
	过氧化氢酶	碘量滴定法	Luna et al.（2005）[9]
	过氧化物酶	愈创木酚比色法	Prabhukarthikeyan et al.（2018）[10]
其他抗性因子	脯氨酸	酸性茚三酮比色法	Kuang et al.（2017）[11]
	丙二醛	硫代巴比妥酸法	Hagege et al.（1990）[12]
	可溶性糖	蒽酮-硫酸法	植物生理学实验指导[7]
	可溶性蛋白	考马斯亮蓝 G－250 染色法	植物生理学实验指导[7]
	总黄酮	三氯化铝法	何书美（2007）[13]
养分指标	全氮	凯氏定氮法	土壤农化分析[14]
	全磷	钒钼黄比色法	
	全钾	火焰光度计法	

4.2　土壤理化性质的测定

土壤理化性质的测量方法见表 4－2。

表 4-2 土壤理化性质的测定方法

测定指标		测定方法	参考文献
土壤酶活性	过氧化氢酶	0.1mol · L^{-1} $KMnO_4$ 滴定法	周礼恺（1980）[15]
	脲酶	比色法	
	蔗糖酶	3，5-二硝基水杨酸比色法	
	碱性磷酸酶	磷酸苯二钠比色法	
土壤微生物生物量	微生物量碳	氯仿熏蒸法	林启美（1999）[16]
	微生物量氮	氯仿熏蒸法	
土壤养分及其相关性状	碱解氮	碱解扩散法	土壤农化分析[14]
	速效磷	0.5mol · L^{-1} $NaHCO_3$ 法	
	速效钾	火焰光度计法	
	有机质	重铬酸钾滴定法—外加热法	
	阳离子交换量	乙酸钠—火焰光度法	
	pH	电位法	

4.3 土壤及植物各器官四环素浓度的测定

参考 Qin 等[6]的方法对样品中四环素浓度进行测定，取适量样品用 EDTA 缓冲液冰水浴超声提取，将提取液过固相萃取小柱并用草酸和甲醇溶液洗脱小柱。洗脱液用氮仪吹干并用（V 草酸：乙腈：甲醇＝76：16：8）流动相定容至 1ml，过 0.22μm 滤膜，收集至样品瓶，用高效液相色谱-串联质谱（Agilent 1290-6460 Triple Quad LC/MS）分析法测定。

样品使用 Agilent Eclipse Plus C18 柱（5μm，4.6mm×250mm）分离，液相色谱条件为：以 0.4ml · min^{-1}流速进样（5μl），以 0.1%甲酸水溶液（A）和乙腈（B）为流动相，柱温 40℃。洗脱程序为：0min，B 保持 8%；0～12min，B 上升至 55%；12～13min，B 下降至 8%；13～16min，B 保持 8%。质谱条件为：采用电喷雾正离子电离，多反应监测模式定量测定，监测离子对 m/z 445 → 427，保留时间为 80ms。以相对反应因子为基础，内标法（TC-d6 作为内标）测定 TC 浓度，标准加入法测定回收率。TC 回收率为 83%～102%，检测限定义为信噪比＞3，检出限达 0.12 μg · kg^{-1}。

4.4　土壤及植物各器官四环素类抗性基因的测定

DNA 提取：分别取土壤样品、玉米根、茎叶、籽粒样品于 50ml 离心管中，加无菌 ddH_2O，放置摇床振荡 30min，将其全部洗脱液用抽滤方法得到相应的滤膜，并根据制造商说明用土壤基因组 DNA 快速提取试剂盒（TIANNAMP Soil DNA Kit）（TIANGEN，China）提取不同处理的土壤及玉米各器官 DNA。样品浓度用超微量紫外分光光度计测定（Quawell Q3000）。

Tet genes，intI1 及 16S－rRNA 的测定：本书选取了 6 个 ARGs（*tetB*、*tetG*、*tetM*、*tetO*、*tetW*、*tetX*）和 1 个可移动遗传原件 MGEs（*intI*1）等指标进行检测，研究选择的这些 ARGs 是宿主范围较广、丰度水平较高、在土壤—植物系统中较常见的[3][17]。采用 StepOnePlus™实时荧光定量 PCR 进行 Q－PCR 检测，反应总体积为 10μl（包括 0.4μl Primer F，0.4μl Primer R，0.2μl ROX Reference Dye（50×），3μl 的 ddH_2O，5μl TB Green Premix Ex Taq II（2×）和 1μl DNA Sample）。反应条件为：预变性 95℃，30s，1 cycle；变性 95℃，5s，40 cycles；退火延伸 60℃，30s，40 cycles。CT 检测限：40cycle。最后通过溶解曲线分析引物是否特异性扩增。qPCR 引物序列信息见表 4－3，引物合成由上海启因生物科技有限公司提供。通过分子克隆将抗性基因的扩增片段插入 PUC57 质粒，制备标准质粒。按照 6 个梯度 10 倍稀释制作标曲，并据此计算样品 ARGs 的绝对丰度拷贝数据。为了最大限度地减少因背景细菌丰度及 DNA 操纵效率不同而引起的差异，以 16S rRNA 基因作为数据归一化的内部对照。fold 值即相对表达丰度，采用 $2^{-\Delta Ct}$的方法进行计算，其中$\triangle Ct = Ct$（目的基因）$- Ct$（16S rRNA）。

表 4－3　qPCR 引物序列信息

	F	R
intI1	CGAACGAGTGGCGGAGGGTG	TACCCGAGAGCTTGGCACCCA
tetB	AGTGCGCTTTGGATGCTGTA	AGCCCCAGTAGCTCCTGTGA
tetG	TCAACCATTGCCGATTCGA	TGGCCCGGCAATCATG
tetM	CATCATAGACACGCCAGGACATAT	CGCCATCTTTTGCAGAAATCA

（续）

	F	R
tetO	CAACATTAACGGAAAGTTTATTGTATACCA	TTGACGCTCCAAATTCATTGTATC
tetW	ATGAACATTCCCACCGTTATCTTT	ATATCGGCGGAGAGCTTATCC
tetX	AAATTTGTTACCGACACGGAAGTT	CATAGCTGAAAAAATCCAGGACAGTT
16S	GGGTTGCGCTCGTTGC	ATGGYTGTCGTCAGCTCGTG

5 数据处理

使用 DPS 7.5 软件对数据进行单因素方差分析，用 LSD 法对各项指标进行显著性检验（$P<0.05$）；使用 Microsoft Excel 2010 软件进行统计绘图；使用网络在线工具 OmicShare 制作热图。

6 不同基质对四环素污染土壤玉米生理特性的影响

6.1 不同基质对四环素污染土壤玉米生长参数的影响

由表 4-4 可见，四环素明显抑制了玉米的生长，且对地下组织的抑制作用大于地上。TC 处理的玉米株高、根长、株鲜重、根鲜重和籽粒重分别比 CK 低 8.92%、15.46%、13.91%、17.61%和 15.22%。而添加不同基质处理的玉米生长参数均高于 TC 处理，说明不同基质在一定程度上可减少四环素对玉米的抑制作用。

具体看来，JQ、JS、QY 和 S 处理的玉米株高均显著大于 TC 处理（$P<0.05$），且 JQ>JS>QY>S，表明蚯蚓粪、生物炭单施及其与菌剂配施效果均显著，且配施优于单施。JS、JQ、JJ 和 S 处理的玉米根长分别比 TC 处理高 43.46%、39.68%、33.36%和 19.98%（$P<0.05$），配施处理效果均显著。添加不同基质的玉米株鲜重均显著大于 TC（$P<0.05$），且JJ>JK>JS>S>JQ>QY>JF，可见各基质的配施效果优于单施。JJ、S、JS、JF 和 JQ 处理的玉米根鲜重显著大于 TC 处理（$P<0.05$），JJ 处理

最显著。JK、JJ、JQ、JF 和 QY 处理的玉米籽粒重均显著大于 TC 处理，其中 JK 处理效果最显著，升幅为 60.68%，其次为 JJ 处理，升幅为 40.27%。总体上，配施处理对减少四环素对玉米生长的抑制作用的效果优于单施。

表 4-4　四环素对玉米成熟期生长参数的影响

处理	株高/cm	根长/cm	株鲜重/g	根鲜重/g	籽粒重/g
CK	181.88±7.81a	71.03±8.11c	146.87±6.36b	90.76±11.18bc	65.70±5.75cd
TC	165.65±6.32c	60.05±8.37d	126.44±9.69c	74.78±8.14d	55.70±4.07e
QY	179.33±3.64ab	66.78±3.85cd	146.77±2.01b	82.66±9.77cd	65.30±8.21cd
JK	173.58±5.54abc	66.88±9.55cd	161.96±10.94a	83.39±9.91cd	89.50±7.37ac
JF	171.30±3.28bc	66.60±2.78cd	144.00±8.36b	98.68±10.97ab	71.48±6.72bc
S	177.20±7.47ab	72.05±0.99bc	161.74±5.87a	102.19±6.72ab	55.88±3.96e
JQ	179.88±8.75ab	83.88±7.42a	156.03±7.71ab	94.14±9.28bc	71.93±8.04bc
JJ	174.28±3.35abc	80.08±7.17ab	162.20±7.02a	109.31±10.13a	78.13±4.85bc
JS	179.50±8.78ab	86.15±4.95a	161.95±6.21a	101.77±10.11ab	59.73±5.31de

6.2　不同基质对四环素污染土壤玉米叶绿素的影响

植物叶绿素会直接参与植物体的光合作用，其含量的高低可以反映植物生长及受外界胁迫的状况[18]。由图 4-2 可知，TC 处理的玉米叶绿素含量在幼苗期和拔节期分别比 CK 处理低 7.46%和 45.94%，而成熟期则显著高于 CK（$P<0.05$）。与 TC 处理相比，在玉米幼苗期，除 JS 处理外，其余添加不同基质的处理均高于 TC 处理，其中 S>JQ>JJ>JK>QY>JF，说明几种基质均能在一定程度上缓解四环素污染，且 S 处理的叶绿素含量最高，升幅为 190.64%。在拔节期，JK、JS、JJ 和 JQ 处理对促进叶绿素合成效果显著，分别高于 TC 处理 79.59%、67.79%、47.69%和 41.45%。在成熟期，添加不同基质处理中仅 S 处理显著高于 TC 处理，升幅为 34.55%。整体可见，S 处理对促进玉米叶绿素含量具有显著作用，这可能与生物炭本身的性质有关，能够加速叶绿素的合成。

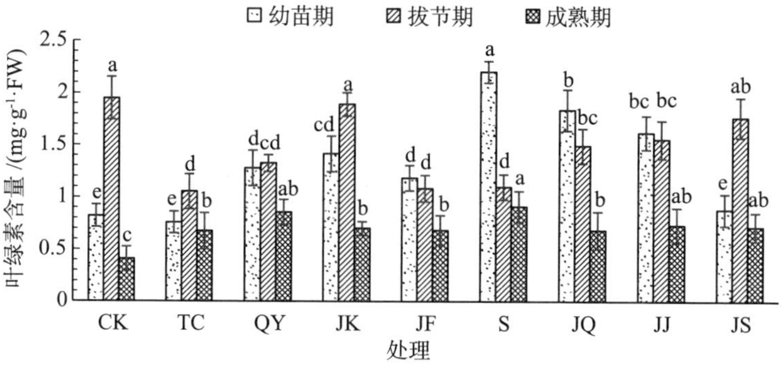

图 4-2　不同处理对四环素污染土壤玉米叶绿素的影响

6.3　不同基质对四环素污染土壤玉米抗氧化系统的影响

超氧化物歧化酶（superoxide dismutase，SOD），是植物体在清除活性氧的过程中首先发挥作用的，能够清除植物体内的超氧阴离子自由基，催化其发生歧化反应[8]。由图 4-3 可以看出，玉米幼苗期时 TC 处理的 SOD 活性显著大于 CK 处理（$P<0.05$），升幅为 3.34%，而拔节期和成熟期则相反，降幅分别为 16.47%和 0.99%。幼苗期，JF 和 QY 处理的 SOD 活性显著低于 TC 处理，降幅分别为 6.78%和 2.48%。拔节期，添加不同基质处理与 TC 处理相比，未能显著降低玉米 SOD 活性。JF 和 JS 处理的成熟期 SOD 活性分别比 TC 处理低 3.17%和 5.68%（$P<0.05$）。综合可见，玉米生育期 SOD 活性变化趋势为先降低后升高。

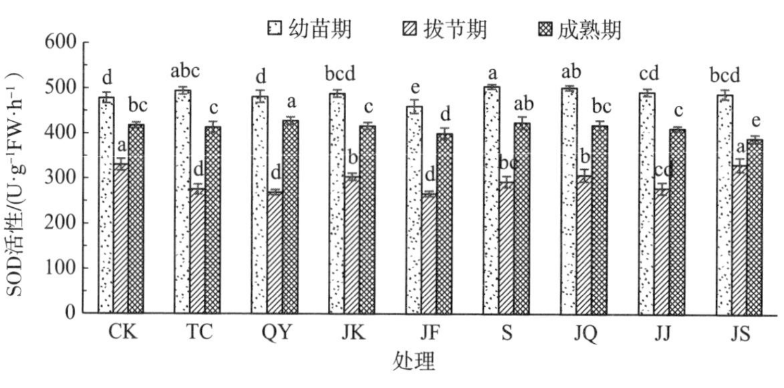

图 4-3　不同处理对四环素污染土壤玉米 SOD 活性的影响

过氧化氢酶（catalase，CAT），能够清除植物体代谢过程中产生的 H_2O_2，以避免其积累过多造成细胞的氧化破坏[9]。由图 4-4 可知，TC 处理的玉米幼苗期和拔节期 CAT 活性均稍低于 CK 处理，而成熟期则显著高于 CK 处理（$P<0.05$），升幅为 181.18%，说明起初玉米遭受四环素的胁迫，抑制了 CAT 活性，随着时间的推移，土壤中的四环素逐渐减少，玉米受到的四环素胁迫也减弱，CAT 活性上升。在玉米幼苗期，除 JK 和 JJ 处理外，其余处理均显著大于 TC 处理，其中 JQ 处理最显著，升幅达 129.45%。JF、JS、JQ 和 JK 处理的拔节期玉米 CAT 活性分别比 TC 处理高 83.45%、70.07%、35.92%和 21.48%（$P<0.05$）。在玉米成熟期，添加不同基质处理未能显著提高玉米 CAT 活性。总体来看，玉米生育期 CAT 活性呈先升高后降低的趋势。

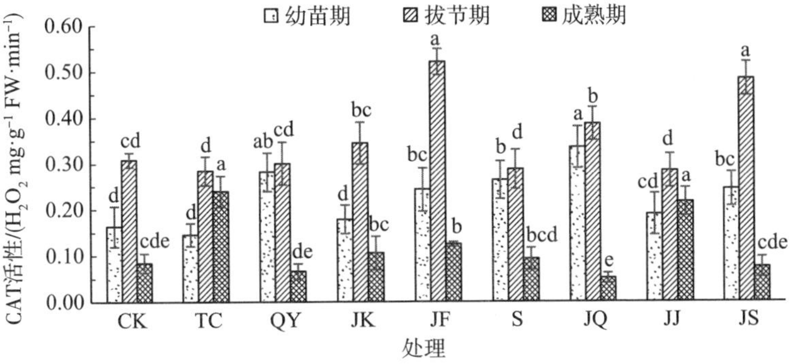

图 4-4　不同处理对四环素污染土壤对玉米 CAT 活性的影响

过氧化物酶（peroxidase，POD），是植物体内酶促防御系统的一种保护酶，但它也具有双重性，既能催化 H_2O_2 分解成水，从而有效阻止 H_2O_2 在植物体内的累积，又能催化超氧自由基和 H_2O_2 转变为羟自由基而加重过氧化作用[10]。由图 4-5 可知，在玉米幼苗期，TC 处理的 POD 活性显著低于 CK 处理（$P<0.05$），降幅为 46.68%，而拔节期和成熟期均高于 CK 处理，升幅分别为 14.94%和 0.34%，说明幼苗期四环素显著抑制了 POD 活性，随着时间的推移，毒性逐渐下降。在玉米幼苗期，添加不同基质均能缓解四环素的毒害作用，JJ、QY、JQ、JF 和 JK 处理显著高于 TC 处理，其中 JJ 处理效果最显著，升幅为 162.56%。在拔节期，添加不同基质对提高 POD

活性无显著影响。在成熟期，JQ、JK、JJ、JF、QY 和 S 处理的 POD 活性均显著高于 TC 处理，其中 JQ 处理效果最显著，升幅为 82.46%。总体来看，玉米生育期 POD 活性随时间的推移而增强。

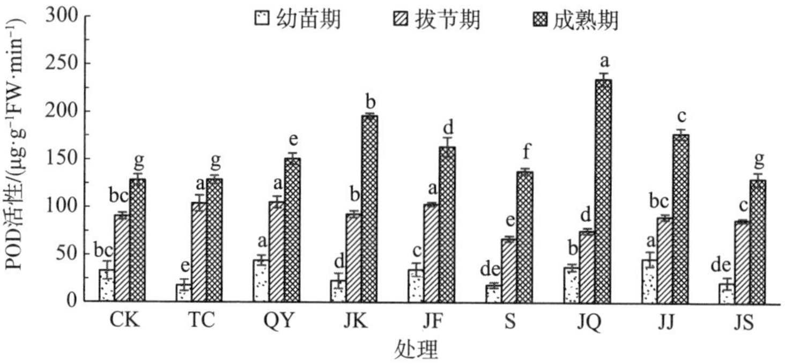

图 4-5　不同处理对四环素污染土壤玉米 POD 活性的影响

6.4　不同基质对四环素污染土壤玉米其他抗性因子的影响

脯氨酸（proline，Pro）在植物体内起重要的渗透调节作用，植物在正常生长条件下，体内游离的 Pro 含量较低，而在逆境胁迫条件下，Pro 含量会显著增加，因此可反映植物受胁迫的程度，也可作为植物抗逆能力的指标[19]。由图 4-6 可见，在玉米三个生育期，TC 处理的玉米叶片 Pro 含量均大于 CK 处理，升幅分别为 46.92%、5.15%和 5.85%，说明玉米的生长始终受到四环素的胁迫作用，且研究发现，TC 处理的玉米体内 Pro 含量随着时间的推移逐渐降低，呈现幼苗期>拔节期>成熟期的趋势，这也表明四环素的毒性在逐渐减弱。在玉米幼苗期，添加不同基质处理的玉米 Pro 含量均低于 CK 处理，其中，JK、JJ、S、QY 和 JF 处理分别比 TC 处理低 29.09%、20.34%、19.40%、14.19%和 13.48%（$P<0.05$）。在拔节期，JS、JJ、JK、QY 和 S 处理的玉米体内 Pro 含量分别比 TC 处理低 24.48%，23.14%、17.36%、14.23%和 10.23%（$P<0.05$）。而在成熟期，JQ、JK、QY 和 JJ 处理分别比 TC 处理低 20.22%、19.33%、18.40%和 16.55%（$P<0.05$）。总的来说，JJ、JK 和 QY 处理在玉米生长的三个时期的脯氨酸含量均较低，缓解四环素胁迫的效果最显著。

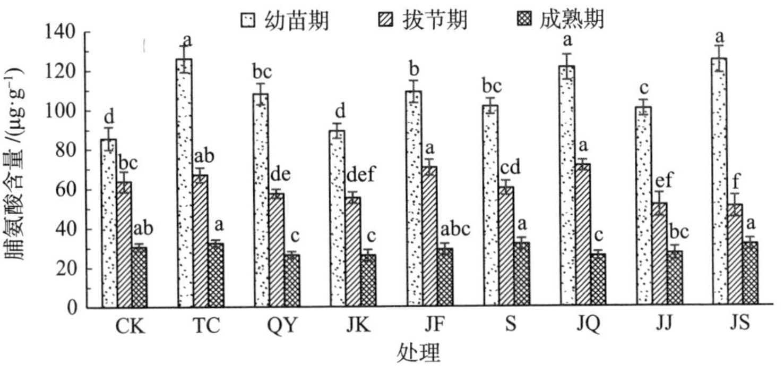

图 4-6　不同处理对四环素污染土壤玉米脯氨酸含量的影响

丙二醛（malondialdehyde，MDA）是细胞膜脂过氧化的重要产物，其含量高低可以反映植物遭受逆境胁迫程度和细胞膜脂过氧化程度[12]。由图 4-7 可知，在玉米三个生育期，TC 处理的 MDA 含量均大于 CK 处理，升幅分别为 11.22%，1.69%和 1.44%，这与玉米生育期的 Pro 含量呈现一致规律，可见四环素胁迫使玉米体内 Pro 含量累积到一定程度进而引起植物细胞膜脂过氧化，使其 MDA 含量也增加。在幼苗期，添加不同基质处理的玉米 MDA 含量均低于 TC 处理，其中 S 和 JS 处理除外，其余处理均与 TC 处理达显著水平（$P<0.05$），且 JJ 处理的玉米 MDA 含量最低，降幅为 50.88%。JJ、JQ、S 和 JS 处理拔节期玉米 MDA 含量分别比 TC 处理降低了 20.27%、17.61%、16.28%和 14.29%（$P<0.05$）。在成熟期，除 JK 处理外，其余添加不同基质处理的 MDA 含量均显著低于 TC 处理，且 JQ

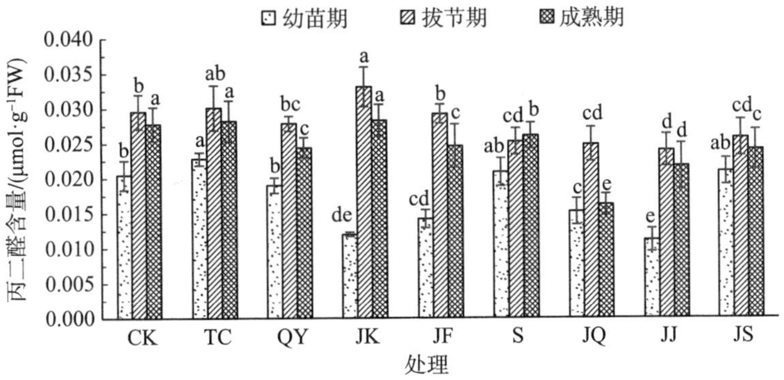

图 4-7　不同处理对四环素污染土壤玉米丙二醛含量的影响

处理最低，降幅为 42.55%，其次是 JJ 处理，降幅为 23.05%。综合可见，玉米三个生育期 MDA 含量呈先增后减的趋势，且 JJ 处理减少 MDA 积累的效果最显著。

植物在逆境胁迫下，体内的可溶性糖会大量积累作为能量储备，其次作为植物体内主要的渗透调节物质，用于减少外界对植物造成的伤害[11]。由图 4-8 可看出，TC 处理的玉米可溶性糖含量在三个生育期均高于 CK 处理，可见，四环素胁迫一定程度上可诱导可溶性糖含量升高。在幼苗期，添加不同基质处理中，QY、JJ、JQ、S 和 JS 处理分别比 TC 处理低 42.03%，31.16%，26.45%，21.38%和 10.51%（$P<0.05$）；JQ、JJ 和 S 处理拔节期玉米可溶性糖含量分别比 TC 处理低 38.81%、30.07%和 25.17%（$P<0.05$）。在成熟期，JS、JQ 和 JF 处理均显著低于 TC 处理（$P<0.05$），这也可反映出添加不同基质后对缓解 TC 胁迫有一定效果，其中 JQ 处理效果显著。

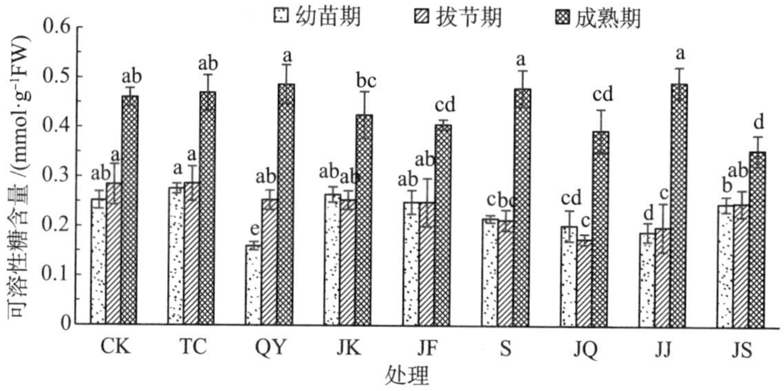

图 4-8 不同处理对四环素污染土壤玉米可溶性糖含量的影响

可溶性蛋白含量可以反映植物体代谢过程中蛋白质的损伤程度，也能反映细胞内蛋白质的合成、变性及降解等信息[20]，在逆境胁迫下，植物体内可溶性蛋白的合成能力会随污染物种类、植物类型等变化而改变。由图 4-9 可看出，TC 处理的玉米可溶性蛋白含量在幼苗期显著高于 CK 处理（$P<0.05$），升幅为 45.34%，而拔节期和成熟期时二者差异不显著，可能是由于在玉米幼苗期，四环素对玉米胁迫作用明显，显著诱导可溶性蛋白含量升高。在玉米幼苗期，添加不同基质处理中，S、JK、JJ、JS、JF 和 JQ

处理分别比 TC 处理低 50.23%、47.81%、44.93%、35.84%、33.19%和 9.52%（$P<0.05$）；在拔节期和成熟期，添加不同基质处理的玉米可溶性蛋白含量未显著低于 TC 处理。综合三个时期，S 处理效果显著，且玉米可溶性蛋白含量在三个生育期呈先增加后减少的趋势，可能是后期四环素毒性减弱的缘故。

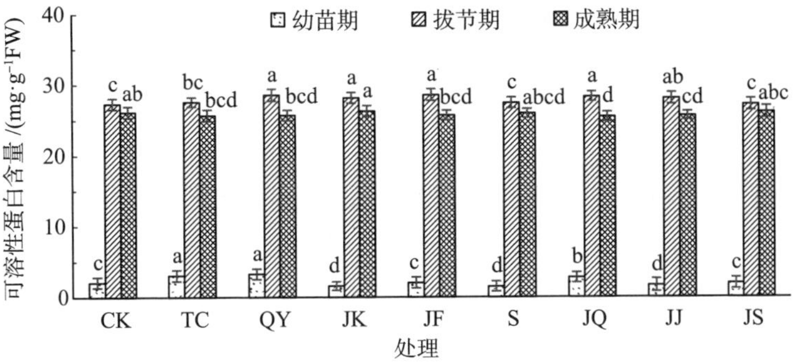

图 4-9　不同处理对四环素污染土壤玉米可溶性蛋白含量的影响

黄酮是一类重要的次生代谢产物，会参与植物的抗逆过程，其合成、积累与植物的生长环境关系密切，是植物抵抗外界胁迫的重要保护机制[13]。由图 4-10 可看出，在玉米三个生育期，TC 处理总黄酮含量均高于 CK，说明四环素胁迫增加了玉米体内总黄酮含量，黄酮类物质积累能缓解四环素污染胁迫导致的膜脂过氧化作用，从而降低对玉米植株的伤害。幼苗期，添加不同基质的处理均显著低于 TC 处理，其中 JK<QY<JJ<JF<S<JQ<JS；

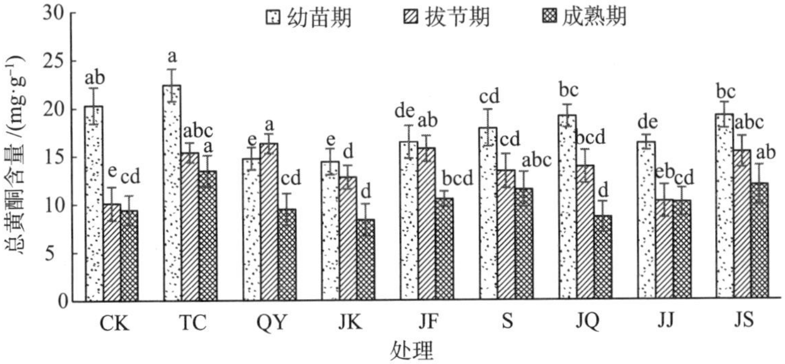

图 4-10　不同处理对四环素污染土壤玉米总黄酮含量的影响

拔节期，JJ 和 JK 处理的玉米总黄酮含量显著低于处理 TC 处理，降幅分别为 33.34%和 16.83%；而在成熟期，除 S 和 JS 处理外，其余添加不同基质的处理均显著低于 TC 处理，且规律为 JK<JQ<QY<JJ<JF。综合可见，玉米三个生育期总黄酮含量变化呈随时间的推移不断减少的趋势，且在添加不同基质处理中，JK 处理减少总黄酮含量效果最显著。

6.5　不同基质对四环素污染土壤玉米养分的影响

由图 4-11 可知，四环素胁迫对玉米不同器官的氮（N）含量影响程度不同，与 CK 处理相比，TC 处理的玉米根部和籽粒部 N 含量降幅分别为 6.40%和 4.44%，但差异不显著；而 TC 处理的玉米茎部和叶部 N 含量趋势相反，增幅分别为 88.61%和 2.55%，其中 TC 处理的玉米茎部 N 含量显著高于 CK 处理（$P<0.05$），可见，总体上四环素胁迫对玉米 N 含量的影响不大。而添加不同基质处理中，JK 和 S 处理的玉米根部 N 含量分别比 TC 处理高 56.47%和 38.44%（$P<0.05$）；JK 处理的玉米茎部 N 含量显著高于 TC 处理，增幅为 25.11%；添加不同基质处理中，JK、JJ 和 JF 处理的玉米叶部 N 含量高于 TC 处理，但差异不显著；S 和 QY 处理的玉米籽粒部 N 含量分别比 TC 处理高 10.35%和 7.38%（$P<0.05$）。综合玉米各个部位 N 含量可见：籽粒部>根部≈叶部>茎部，且添加不同基质处理中 JK 和 S 处理的玉米 N 含量较高。

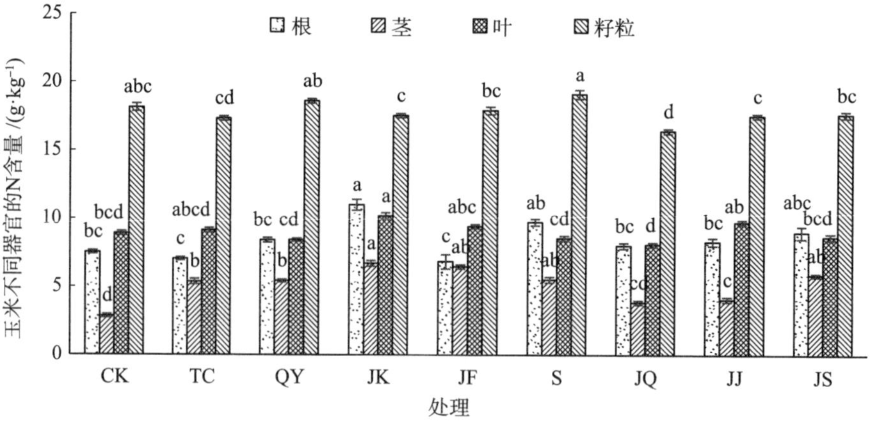

图 4-11　不同处理对四环素污染土壤玉米不同器官 N 含量的影响

由图 4－12 可知，与 CK 处理相比，TC 处理的玉米各个器官的磷（P）含量差异均不显著。而添加不同基质的处理中，玉米根部 P 含量除 JF 处理外，其余处理均显著高于 TC 处理，且规律为 JQ＞JJ＞JK＞JS＞S＞QY；JK、JJ 和 JQ 处理的玉米茎部 P 含量分别比 TC 处理高 53.15%、32.79%和 28.76%（$P<0.05$）；JJ、JQ、JK 和 S 处理的玉米叶部 P 含量分别比 TC 高 51.55%、40.49%、24.43%和 18.76%（$P<0.05$）；添加不同基质处理的玉米籽粒部 P 含量与 TC 处理差异不显著。

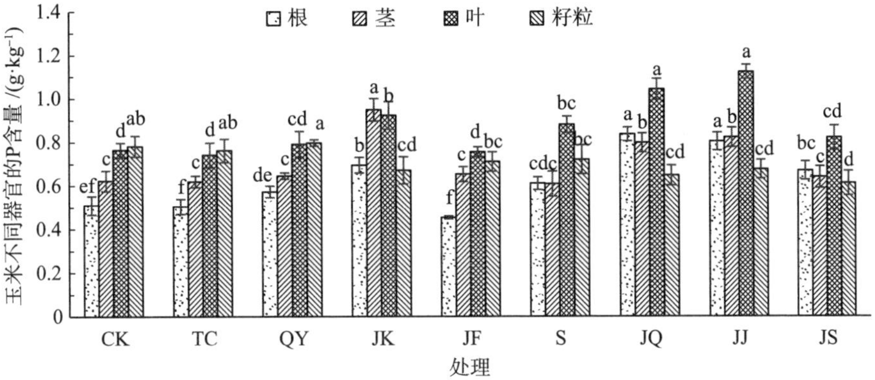

图 4－12　不同处理对四环素污染土壤玉米不同器官 P 含量的影响

由图 4－13 可知，TC 处理的玉米不同器官钾（K）含量均低于 CK 处理，其中玉米茎部 K 含量显著低于 CK 处理（$P<0.05$），降幅为 26.42%。

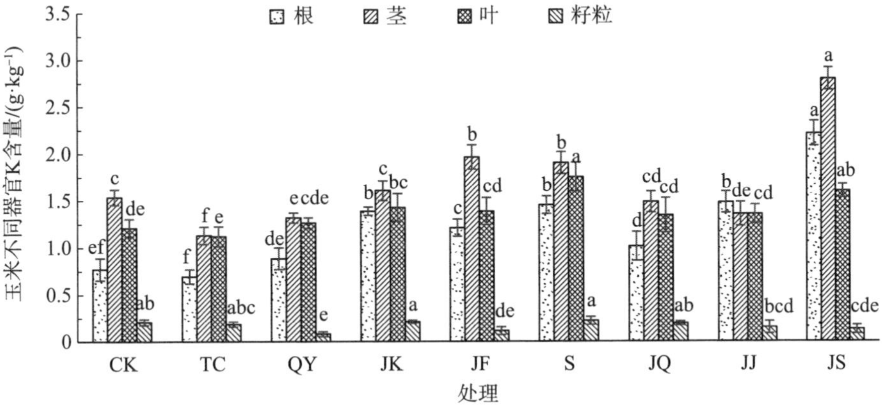

图 4－13　不同处理对四环素污染土壤玉米不同器官 K 含量的影响

而添加不同基质处理中，玉米根部和茎部 K 含量均显著高于 TC 处理（$P<0.05$），且 JS 处理的根部和茎部 K 含量均为最高；玉米叶部 K 含量除 QY 处理外，其余添加不同基质处理的玉米叶部 K 含量均显著高于 TC 处理（$P<0.05$），且 S>JS>JK>JF>JJ>JQ；S、JK 和 JQ 处理的玉米籽粒部 K 含量高于 TC 处理，但差异不显著。综合考虑玉米各个部位 K 含量可见：茎部>叶部>根部>籽粒部，且添加不同基质的处理中，JS、S 和 JK 处理的玉米 K 含量较高。

7 不同基质对四环素污染土壤理化性质的影响

7.1 不同基质对四环素污染土壤酶活性的影响

由图 4-14 可知，TC 处理的土壤过氧化氢酶活性在玉米三个生育期（幼苗期、拔节期、成熟期）分别比 CK 处理低 5.29%、4.13%和 3.39%（$P<0.05$），说明四环素胁迫对土壤过氧化氢酶活性产生了较大的影响。在幼苗期，添加不同基质处理中 JK 和 JJ 处理分别比 TC 处理高 7.21%和 6.36%（$P<0.05$）；在拔节期，JK 和 JS 处理分别比 TC 处理高 5.42%和 4.97%（$P<0.05$）；而成熟期，仅 JJ 处理显著高于 TC 处理（$P<0.05$），升幅为 2.98%。综合可知，玉米三个生育期土壤过氧化氢酶活性变化趋势为先降低后升高，且添加不同基质处理中，JK、JJ 和 JS 处理的土壤过氧化氢酶活性较高。

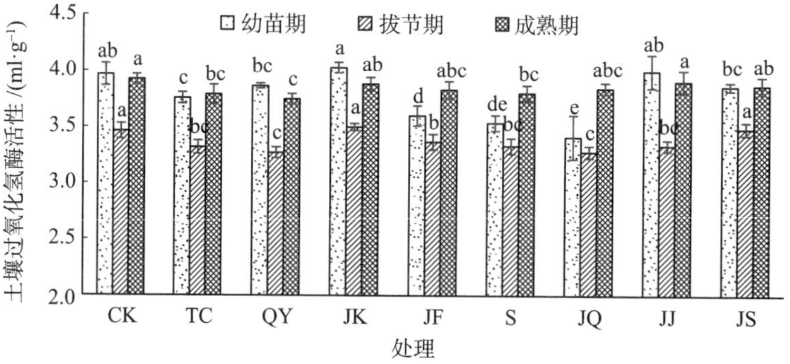

图 4-14 不同处理对四环素污染土壤过氧化氢酶活性的影响

从图 4-15 可以看出，TC 处理的玉米幼苗期土壤脲酶活性显著低于 CK

处理（$P<0.05$），降幅为 57.39%，对玉米拔节期和成熟期的土壤脲酶活性无明显影响。添加不同基质的处理中，在幼苗期，JS、JJ 和 JK 处理显著高于 TC 处理（$P<0.05$），升幅分别为 53.17%，45.49%和 40.12%；添加不同基质的处理在拔节期未能显著提高土壤脲酶活性；在成熟期，JS、JK 和 JQ 处理分别比 TC 处理高 42.03%、37.83%和 22.79%（$P<0.05$）。总体可见，JK 处理的土壤脲酶活性在三个生育期均较高，且土壤脲酶活性在玉米三个生育期呈现先降低后升高的趋势。

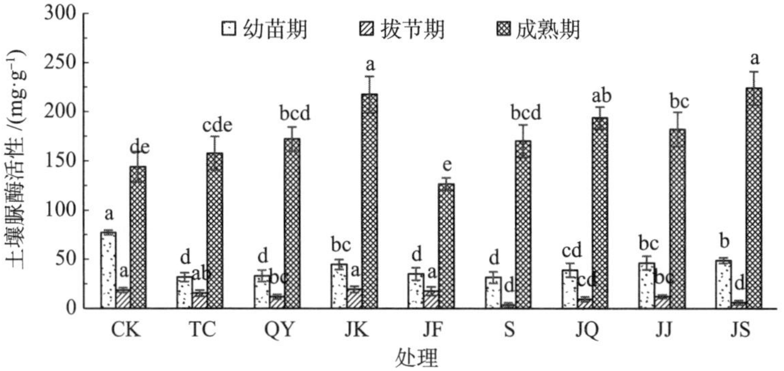

图 4－15　不同处理对四环素污染土壤脲酶活性的影响

由图 4－16 可知，与 CK 处理相比，TC 处理在玉米三个生育期的土壤蔗糖酶活性无显著差异。而添加不同基质处理中，与 TC 处理相比，在幼苗期，JK 和 JJ 处理的土壤蔗糖酶活性显著提高，升幅分别为 15.81%和

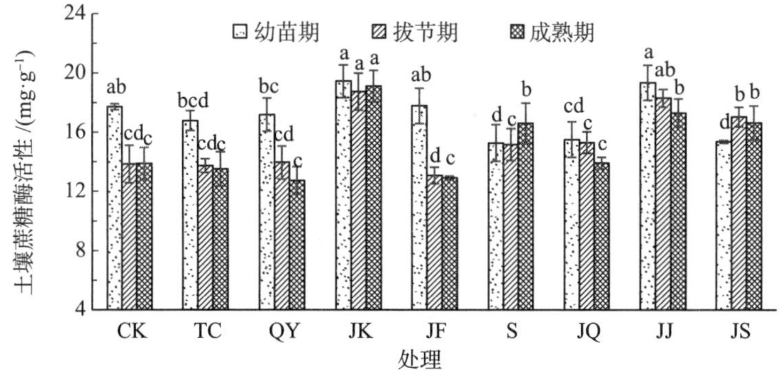

图 4－16　不同处理对四环素污染土壤蔗糖酶活性的影响

15.24%；在拔节期，JK、JJ 和 JS 处理分别比 TC 处理高 36.55%、33.46%和 24.19%（$P<0.05$）；在成熟期，JK、JJ、JS 和 S 处理分别比 TC 处理高 41.51%、28.13%、23.20%和 22.96%（$P<0.05$）。综合玉米三个生育期可见，土壤蔗糖酶活性随时间的推移而降低，添加不同基质的处理中，JK 和 JJ 处理土壤蔗糖酶活性较高。

由图 4-17 可知，TC 处理的玉米幼苗期和成熟期土壤碱性磷酸酶活性分别比 CK 处理低 12.64%和 12.63%（$P<0.05$）；而在玉米拔节期，TC 处理的土壤碱性磷酸酶活性却显著高于 CK 处理，升幅达 26.66%。而添加不同基质的处理中，在幼苗期，JK 和 JJ 处理的土壤碱性磷酸酶活性显著高于 TC 处理，升幅分别为 43.95%和 27.87%；在拔节期，JJ、JK 和 S 处理分别比 TC 处理高 33.07%、23.05%和 7.02%（$P<0.05$）；而成熟期，除 JF 处理外，其余添加不同基质处理的土壤碱性磷酸酶活性均显著高于 TC 处理，且规律为 JJ>JK>JQ>S>JS>QY。总体可见，添加不同基质的处理中，JK 和 JJ 处理土壤蔗糖酶活性较高。

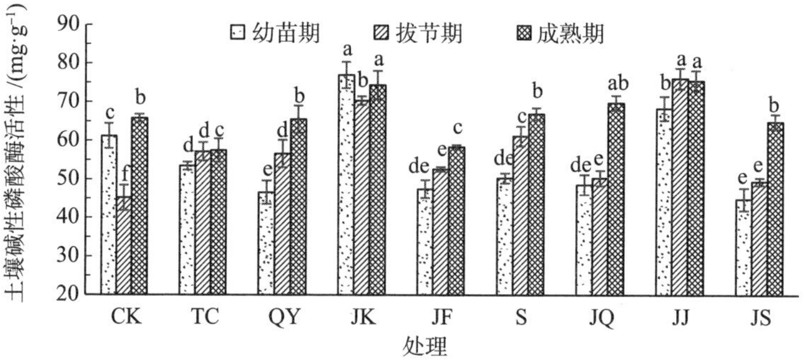

图 4-17　不同处理对四环素污染土壤碱性磷酸酶活性的影响

7.2　不同基质对四环素污染土壤微生物量的影响

由图 4-18 可知，TC 处理的玉米幼苗期和拔节期土壤微生物量碳均显著低于 CK 处理（$P<0.05$），降幅分别为 34.88%和 33.09%；而成熟期差异不显著，说明四环素胁迫对土壤微生物量碳有明显的抑制作用，而成熟期时可能是由于四环素的减少，其胁迫作用相应降低。添加不同基质处理的土壤微生物量碳，在玉米幼苗期均显著高于 TC 处理，其中，JS 处理微生物量

碳最显著；在拔节期，QY 处理最高，JJ、S、JQ 和 QY 处理分别比 TC 处理高 117.99%、115.24%、100.14%和 85.03%。综合可见，添加不同基质的处理中，JJ 和 S 处理的微生物量碳较高。

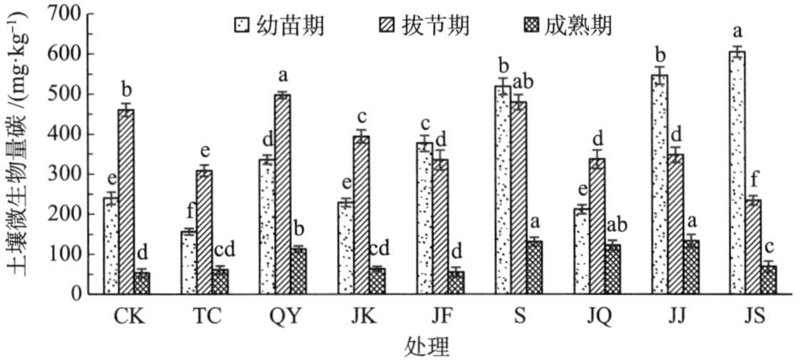

图 4-18　不同处理对四环素污染土壤微生物量碳的影响

由图 4-19 可知，四环素在玉米各期对土壤微生物量氮影响不一。在幼苗期，TC 处理显著高于 CK 处理（$P<0.05$），升幅为 132.50%；TC 处理的拔节期和成熟期土壤微生物量氮均低于处理 CK 处理，且成熟期差异显著（$P<0.05$），降幅为 31.19%。在幼苗期，添加不同基质处理中，JS、QY、JJ 和 JK 处理分别比 TC 处理高 76.35%、72.56%、54.31%和 28.48%（$P<0.05$）；在拔节期，JK 和 JJ 处理分别比 TC 处理高 90.62%和 73.08%（$P<0.05$）；在成熟期，JF、JK 和 JJ 处理分别比 TC 处理高 34.75%、

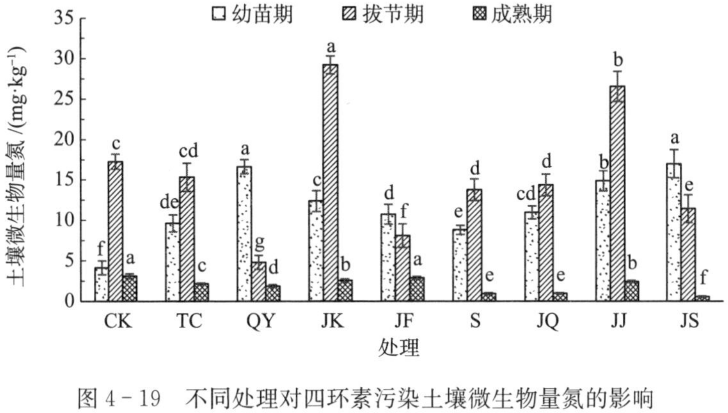

图 4-19　不同处理对四环素污染土壤微生物量氮的影响

19.19%和12.81%（$P<0.05$）。综上可见，添加不同基质处理中，JK和JJ处理在玉米三个生育期内的土壤微生物量氮较高。

7.3 不同基质对四环素污染土壤养分及其相关性状的影响

由表4-5可知，与CK处理相比，TC处理的碱解氮、速效磷和阳离子交换量均显著上升（$P<0.05$），升幅分别为15.35%、32.62%和16.31%；TC处理的pH显著低于CK处理（$P<0.05$），降幅为1.21%；而速效钾和有机质与CK处理差异不显著。与TC处理相比，除S和JS处理外，其余添加不同基质处理的土壤碱解氮含量均显著升高（$P<0.05$），且JK>JF>JJ>JQ>QY；JK、JJ、JQ和QY处理的土壤速效磷含量均显著高于TC处理（$P<0.05$）；JS、S、JJ和JF处理的土壤速效钾含量显著高于TC处理（$P<0.05$）；添加不同基质处理的土壤有机质含量中，除JF和JQ处理外，其余均显著高于TC处理（$P<0.05$），且S>JS>JK>QY>JJ；JK、JJ、JS和JQ处理能显著提高土壤的阳离子交换量（$P<0.05$）；仅JQ和QY处理的pH显著高于TC处理（$P<0.05$）。可见，JJ处理对所有土壤养分均有促进作用。

表4-5 不同处理对土壤养分及其相关性状的影响

处理	碱解氮/（$mg \cdot kg^{-1}$）	速效磷/（$mg \cdot kg^{-1}$）	速效钾/（$mg \cdot kg^{-1}$）	有机质/（$g \cdot kg^{-1}$）	阳离子交换量/（$cmol \cdot kg^{-1}$）	pH
CK	29.05±0.29g	7.48±0.57f	99.27±4.87de	20.87±2.08e	5.58±0.21f	8.25±0.06b
TC	33.51±1.05e	9.92±0.24e	98.24±5.42e	20.81±1.56e	6.49±0.23e	8.15±0.08c
QY	35.96±0.72d	21.35±0.89d	63.23±3.52g	25.92±2.19cd	6.64±0.21de	8.25±0.06ab
JK	48.04±0.87a	62.16±0.84a	82.28±7.33f	27.01±2.15c	7.76±0.16a	8.17±0.06bc
JF	43.31±0.60b	9.01±0.87e	107.51±5.15d	21.68±1.71e	6.73±0.20cde	8.12±0.04cd
S	28.70±1.21g	8.92±0.55e	151.27±3.57b	58.46±3.29a	5.68±0.16f	8.05±0.09d
JQ	37.98±0.61c	24.09±1.14c	64.78±4.29g	22.96±1.37de	6.80±0.26cd	8.35±0.10a
JJ	42.61±0.18b	58.66±1.67b	128.10±2.59c	25.21±3.58cd	7.45±0.19b	8.17±0.08bc
JS	31.33±1.01f	7.28±0.75f	241.50±9.29a	52.32±2.01b	6.95±0.26c	8.17±0.01bc

8 四环素在土壤—植物体系中的残留及迁移

8.1 四环素在土壤—植物体系中的残留

土壤中的四环素被玉米根部吸收后，可以通过根系凯氏带转移至茎叶和籽粒中，进而残留于植物各器官内。由图 4-20 可知，在不同处理的植物体内四环素总残留量差异很大，与 CK 处理相比，TC 处理的植株体内四环素总浓度高出 12.39mg·kg^{-1}，且 TC 处理玉米根部、茎叶部和籽粒部的四环素浓度均显著高于 CK 处理。添加不同基质处理的玉米植株体内四环素总浓度均低于 TC 处理，且 JJ＜S＜JK＜JS＜JF＜JQ＜QY，减少率达 3.48%～68.84%。说明各种基质在一定程度上均能减少四环素的残留，菌糠、生物炭单施及其分别与菌剂配施效果较好。

四环素在玉米植株不同器官中残留规律不同。与 TC 处理相比，添加不同基质处理的玉米根部四环素残留量均显著低于 TC 处理，其中 JJ 处理的玉米根部四环素残留量最低（2.36mg·kg^{-1}），其次为 S、JS、JK、JQ、JF 和 QY 处理，减少率达 3.53%～76.06%；S、JJ、JK、JF、JS、QY 和 JQ 处理的玉米茎叶部四环素残留量均低于 TC 处理，减少率达 0.32%～57.59%；S、JK、JQ、JJ、QY 和 JF 处理的玉米籽粒部四环素残留量均显著低于 TC 处理，减少率达 7.34%～29.17%。总体上，四环素残留浓度在植物体不同器官分布规律为：根部＞茎叶部＞籽粒部，且 JJ 处理的玉米不同器官减少率均较高，总残留浓度最小，其次为 S 处理。

由图 4-20 可知，四环素在土壤中的残留量达 0.013～1.341mg·kg^{-1}。TC 处理的土壤四环素残留量显著高于 CK 处理，而添加不同基质处理的土壤四环素残留规律与植物体中四环素的残留规律不同。JS 处理的土壤中四

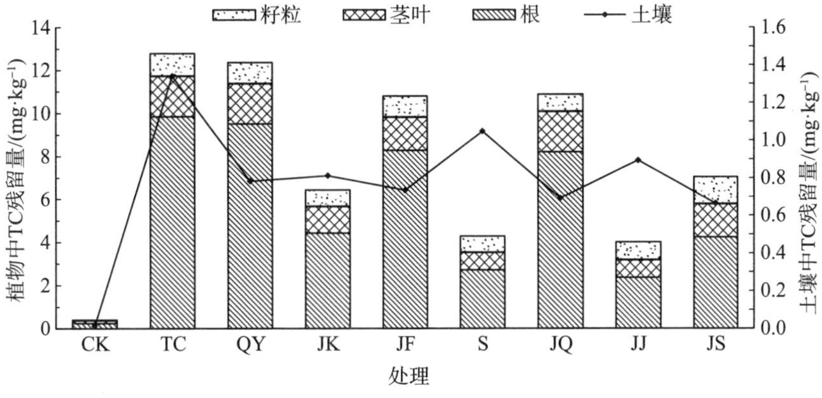

图 4-20　不同处理对土壤—植物体系中 TC 残留的影响

环素残留量最低，其余依次为 JQ、JF、QY、JK、JJ 和 S 处理，减少率达 21.90%～50.61%。

8.2 四环素在土壤—植物体系中的迁移、富集和转运

表 4-6 为 TC 在土壤—植物体系中的富集、转运情况。植物对抗生素的富集可以用富集系数表示，即植物不同部位（根、茎叶和籽粒）的抗生素浓度与土壤中抗生素的浓度之比，分别表示为根富集系数（Root concentration factors，RCF）、茎叶富集系数（Stem-leaf concentration factors，SLCF）和籽粒富集系数（Grain concentration factors，GCF）。植物将抗生素由地下部向上运输的能力可以用转运系数表示，是指植物地上部与地下部抗生素浓度之比。由表 4-6 可知，添加不同基质处理中，S、JJ、JK 和 JS 处理的玉米根部富集系数均小于 TC 处理。S 和 JJ 处理的玉米茎叶部富集系数均小于 TC 处理；S 处理的玉米籽粒部富集系数均小于 TC 处理。综合以上玉米不同器官富集系数可见，S 和 JJ 处理的富集系数较小。且研究发现，同一处理在玉米不同器官的四环素富集系数存在差异，总体上为：RCF＞SLCF＞GCF。此外，添加不同基质处理的 TF 值均大于 TC 处理，且 JJ 处理的 TF 值最大。

表 4-6 TC 在土壤—植物体系中的富集、转运情况

处理	RCF	SLCF	GCF	TF
CK	18.321	9.057	0.998	0.626
TC	7.348	1.397	0.783	0.297
QY	12.139	2.379	1.231	0.299
JK	5.450	1.517	0.948	0.452
JF	11.260	2.080	1.322	0.302
S	2.599	0.758	0.710	0.565
JQ	11.857	2.696	1.133	0.323
JJ	2.641	0.901	0.915	0.688
JS	6.396	2.316	1.890	0.658

8.3 四环素类抗性基因在土壤—植物体系中的残留丰度

由图 4-21 可知，玉米植株体内 ARG*s* 相对丰度差异很大，*intI*1 相对

丰度高于 ARGs，而 *TRGs* 中 *tetW* 相对丰度最大，其余依次为 *tetG*>*tetB*>*tetM*>*tetX*>*tetO*。且不同基因在玉米不同器官中的残留规律不同，具体表现为：*tetM*，*tet*O 和 *tetW* 的相对丰度为茎叶部>籽粒部>根部，*intI*1，*tetB*，*tetX* 的相对丰度最大为玉米籽粒部，*tet*G 的相对丰度最大为玉米根部。

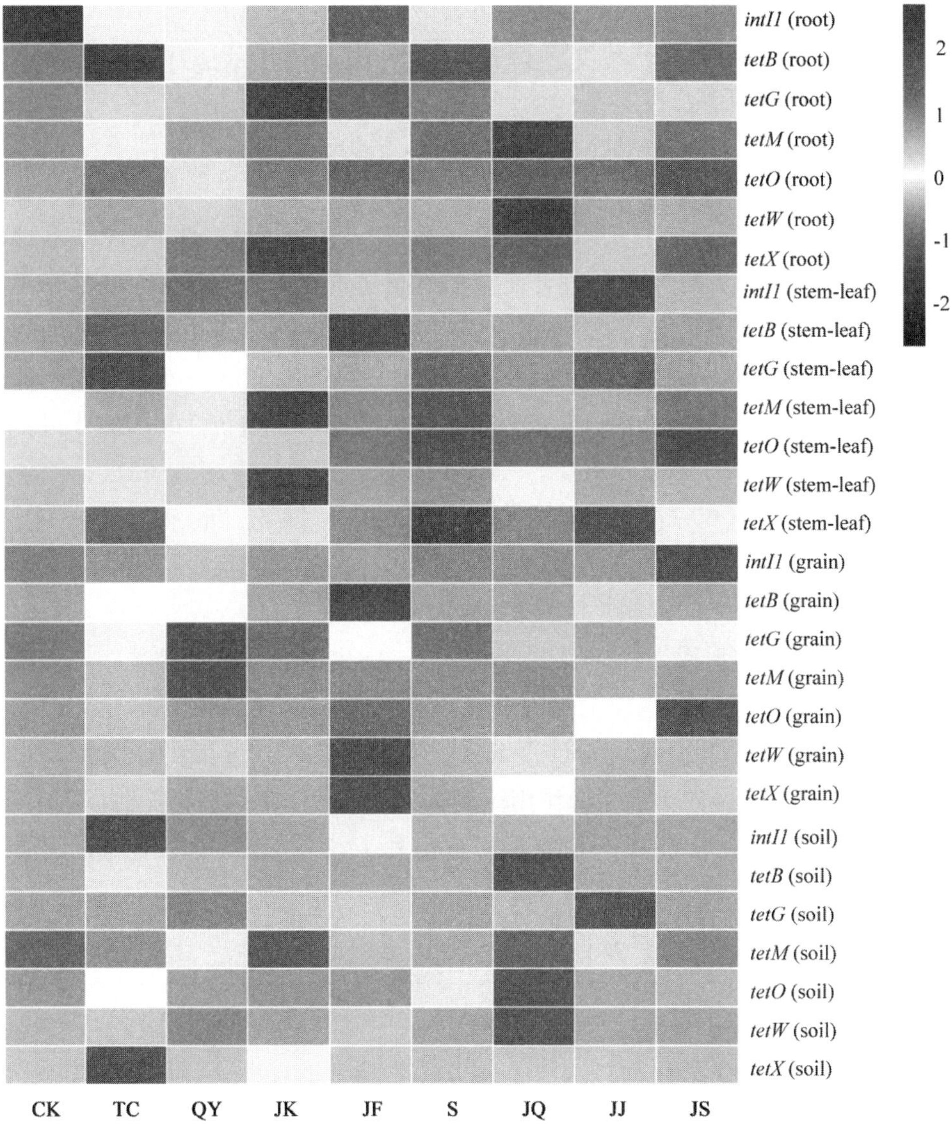

图 4-21　不同处理对土壤—植物体系中 ARGs、MGEs 相对丰度的影响

在玉米根部，TC 处理的 ARGs 总相对丰度小于 CK 处理，而添加不同基质处理中，JF 处理的 ARGs 总相对丰度最小，其次为 S、JS 和 JJ 处理，分别比 TC 处理降低了 82.07%、40.29%、35.10%和 6.32%。在玉米茎叶部，TC 处理的 ARGs 总相对丰度明显大于 CK 处理，升幅为 87.50%，与 TC 处理相比，添加不同基质的处理中总相对丰度最小为 S 处理，降幅为 90.17%，其次为 JS 处理，降幅为 58.73%。在玉米籽粒部，TC 处理的 ARGs 总相对丰度比 CK 处理高出两个数量级，而添加不同基质处理中，S 和 JJ 处理的玉米籽粒部 ARGs 总相对丰度较小，分别比 TC 处理降低了 97.77%和 32.98%。此外，在土壤中基因的相对丰度与玉米植株不同，总体规律为：*tetX*＞*tetG*＞*tetW*＞*intI*1＞*tetB*＞*tetM*＞*tetO*；TC 处理的土壤 TRGs 总相对丰度高于 CK 处理，而添加不同基质处理的土壤 TRGs 总相对丰度均小于 TC 处理，且 S＜JS＜JF＜JK＜JQ＜QY＜JJ。总体上，S 处理的玉米植株体内 ARGs 总相对丰度最小，且在玉米各器官及土壤中丰度也较小，由此可见，添加生物炭可有效减少植物体内四环素类抗性基因的残留。

9　四环素与四环素类抗性基因相关性分析

TC 和 ARG*s* 之间的相关性如表 4-7 所示。TC 与 *tetX* 呈极显著正相关（$P<0.01$），相关系数为 0.98。此外，TC 与 *tetB* 和 *tetG* 呈正相关，与其他 ARGs 无显著相关性。整合子基因 *intI*1 与 *tetG*（$P<0.01$）和 *tetX*（$P<0.05$）呈显著正相关关系。*intI*1 的高丰度及其与 ARGs 丰度的相关性表明 *intI*1 可能在 ARGs 的传播中起作用。ARGs 之间也存在一些相关性，其中，*tetB* 和 *tetW*，以及 *tetG* 和 *tetX* 呈显著正相关（$P<0.05$），但其他基因间的相关性较低。

表 4-7　TC 与 ARGs 相关性

	*intI*1	*tetB*	*tetG*	*tetM*	*tetO*	*tetW*	*tetX*	*TC*
*intI*1	1							
tetB	0.73	1						
tetG	0.97**	0.68	1					

（续）

	*intI*1	*tetB*	*tetG*	*tetM*	*tetO*	*tetW*	*tetX*	*TC*
tetM	0.61	0.46	0.56	1				
tetO	0.37	0.42	0.43	0.15	1			
tetW	0.63	0.87*	0.25	0.08	0.12	1		
tetX	0.88*	0.25	0.83*	0.48	0.31	0.43	1	
TC	0.66	0.91*	0.89*	0.71	0.23	0.75	0.98**	1

注：表中 * 表示相关性在 5%水平上显著；** 表示相关性在 1%水平上显著。

10　讨论

10.1　不同基质对四环素污染土壤玉米生理特性的影响

抗生素通过抑制基本的细胞过程和激活导致细胞死亡的细胞反应途径来杀死细菌[21]。具体来说，四环素类抗生素的毒害机理是通过抑制氨基酸-tRNA 与 30S 核糖体亚基结合，从而抑制肽链及细胞蛋白质的合成[21]。本研究结果发现，外源添加 $50mg \cdot kg^{-1}$ 的 TC 显著抑制了玉米的生长，且对玉米地下部的抑制作用明显大于其地上部，这与前人的研究结果一致[22,23]。当植物在受到抗生素污染的土壤中生长时，破坏植物根系是四环素抑制植物生长的主要机制[23]。且添加不同基质处理的玉米生长均优于 TC 处理，表明添加各种物质可有效缓解 TC 对植物生长的毒性作用，其中 JQ、JJ 和 JS 处理效果较显著。玉米受到 TC 污染胁迫时，会抑制叶绿素的累积，这与李亚宁等[18]的研究结果一致，可能是植物体受到污染胁迫时，捕光化合物 LHC 蛋白合成的转录过程会受到抑制，进而影响叶绿素的累积，而 S 处理对玉米叶绿素的促进作用较显著，可能是由于生物炭与四环素协同加速了叶绿素的合成。

抗氧化防御系统是植物逆境保护系统，能影响防御相关基因的表达，维持植物体内活性氧代谢平衡，进而保护细胞膜结构，使植物有效抵抗环境胁迫[24,25]。植物在正常生长条件下，体内的活性氧与抗氧化酶系统保持着动态平衡，当植物遭受逆境胁迫时，体内会产生大量的活性氧，若多余的活性氧不能被及时清除，将对植物的生长发育产生毒害作用[10,26]。因此，植物为维持正常生长，会通过抗氧化酶系统抵御外界胁迫。本研究发现，TC 胁迫破坏了玉米植株体内抗氧化系统的平衡，防御系统被启动，抗氧化酶（SOD）活性、MDA 和 Pro 含量增加，相关蛋白和转录因子调控基因被诱导表达，而添加不同基质增强了抗氧化防御系统的反应，促进其相关基因的表达，增强了清除活性氧的能力，从而减轻其膜脂过氧化程度，降低 MDA 和 Pro 含量。另外，四环素胁迫在幼苗期会诱导 SOD 活性上升而抑制 CAT 和 POD 活性，而拔节期和成熟期则相反。说明玉米在外界胁迫条件下，首先增强第一道防线 SOD 酶活性，当胁迫超出其清除能力时将造成细胞损伤，以致 SOD 活性降低，此时 CAT 和 POD 酶发挥作用，说明玉米受到胁迫时能够积极做出响应，但其响应机制与 Vilvert 等[27]的研究并不一致，可能是由于植物种类差别所致。而添加不同基质后，细胞通过抗氧化酶的协同作用共同抵抗四环素污染胁迫，其中 QY、JQ 和 JF 处理能有效促进抗氧化酶系统的平衡，但蚯蚓粪单施及其与菌剂配施对抗氧化系统的作用机制尚不明确，还需进一步研究。此外，植物受到 TC 胁迫时会产生过量的活性氧，当其超出植物抗氧化系统的清除能力时就促进了玉米中 Pro 和 MDA 的累积[19]。植物的 Pro、MDA、可溶性糖、可溶性蛋白和总黄酮等抗性因子均能反映植物体遭受逆境胁迫的程度。研究发现，四环素胁迫会使玉米体内抗性因子含量显著增加，可能是由于玉米在遭受 TC 胁迫时，诱导产生更多的 Pro、MDA，促进玉米可溶性糖及可溶性蛋白的合成，并通过黄酮类物质的积累缓解 TC 胁迫所导致的膜脂过氧化作用，这与 Xie 等[28]对四环素胁迫条件下小麦生理毒性的研究结果一致。而添加不同基质在一定程度上均能缓解四环素对玉米的毒害作用，其中，JK 和 JJ 处理的抗性因子含量均明显减少，而其生长参数值却明显增加。由此可见，单施菌糠及菌糠与菌剂配施对四环素胁迫的缓解效果较好，可能是由于菌剂中有益微生物与菌糠复合能够有效促进土壤养分循环，加速污染物的降解，能在植物遭受四环素胁迫时起到一定的保护作用，保持植物体细胞的完整性，维持植物的正常生长代谢。外源 TC 胁迫对玉米不同器官中 N、P、K 含量的影响不大，但添加不同基质对其含量都有明显的促进作用，这与各物质本身的性质有关。曹佳[29]研究发现土霉素可降低玉米中氮磷钾含量，且对玉米氮吸收有明显的抑制作用，与本研究有不同的反应可能与其抗生素类型有关。

10.2　不同基质对四环素污染土壤理化性质的影响

外源 TC 胁迫对土壤不同理化性质的影响较复杂，土壤酶如土壤过氧化氢酶、脲酶、蔗糖酶和磷酸酶等在土壤 C、N、P 循环过程中具有重要的作用，其对环境污染的响应较敏感，因此一定程度上能反映土壤受外源污染物的胁迫程度[20]。本研究发现，TC 胁迫明显抑制了玉米三个生育期的土壤过氧化氢酶和脲酶活性，对碱性磷酸酶活性影响为抑制—激活—再抑制，对土壤蔗糖酶活性无明显影响。Jiang 等[30]发现添加 $50mg \cdot kg^{-1}$ 的土霉素显著抑制了土壤脲酶和过氧化氢酶。陈智学[80]发现土霉素能抑制土壤碱性磷酸酶及脲酶活性，激活过氧化氢酶活性。抗生素进入土壤后能与酶分子中的某些活性部位结合[31]，抑制酶的活性中心，抑制土壤微生物活动，削弱土壤营养元素的循环，从而影响土壤酶活性。添加不同基质处理中，JK 和 JJ 处理的土壤酶活性在玉米三个生育期均较高，可能是菌糠及菌糠与菌剂配施对土壤呼吸作用和土壤微生物、生物活性有促进作用，进而提高土壤酶活性。

土壤微生物量能反映土壤环境的变化，是反映土壤质量的重要微生物学指标[31]，也是外源有机污染土壤的敏感指示指标。本研究发现，外源四环素胁迫明显抑制了玉米三个生育期土壤微生物量碳，而对土壤微生物量氮表现为前期激活后期抑制，与刘吉强等[20]发现的不同 TC 浓度处理均对土壤微生物量碳有明显抑制作用的结果一致。姚建华等[32]也发现土霉素显著抑制了土壤微生物量碳及微生物量碳氮比，这可能是由于抗生素胁迫增强了土壤微生物的抗逆性及活动强度，微生物需消耗更多能量以维持其活动，从而使其土壤微生物量降低。此外，外源添加四环素增加了土壤养分含量，尤其是对土壤阳离子交换量、碱解氮和速效磷有显著的促进作用，对土壤速效钾和有机质含量影响不大，而添加不同基质处理中，菌糠、生物炭的单施和配施处理土壤微生物量及养分含量均较高，可能是由于其能与土壤微生物协同抵抗 TC 胁迫，这与曹佳[29]研究发现的高浓度土霉素（$100mg \cdot kg^{-1}$）能显著降低土壤有效磷、速效钾和有机质等养分含量的结果不同，可能与抗生素类型及浓度不同有关。

10.3　不同基质对四环素在土壤—玉米体系中残留及迁移的影响

当废水或畜禽粪便未经无害化处理便施用于土壤—植物系统时，抗生素可能会在土壤中聚集，并在植物体内富集和转运[33]。在本研究中，玉米植株中的 TC 残留量表现为地下部高于地上部，这与生菜和生姜等植物中的 TC 残留量规律一致[3,23]。TC 在土壤—植物系统中的 BCF 规律为 RCF>SLCF>GCF（表 4-6），这与 TC 在不同器官（根部>茎叶部>籽粒部）中残留浓度的规律一致（图 4-19）。由于不同植物对抗生素的敏感性不同，植物将抗生素从植物地下部运输到植物地上部的能力也不同。此外，不同植物根际酶活性和微生物特性的差异也影响污染物的消散和生物利用度[34]，抗生素在植物根系中的积累可能与植物根系对抗生素的主动吸收和物化吸附有关。本研究计算了 TC 在土壤—植物系统中的转运因子，发现 TF 值小于 1，说明 TC 从地下部向地上部的传输能力较弱，TF 与作物蒸腾速率关系密切，蒸腾速率越快则植物吸收土壤中抗生素也越快[4]。此外，抗生素浓度和理化性质（如分子量、疏水性、极性等）等因素也会影响污染物在植物体中的分布[35,36]。Pan 等[33]研究发现，疏水性是抗生素影响植物毒性的重要因素，而其他理化参数与其植物毒性的相关性较差。添加不同基质的处理中，JJ 和 S 处理的玉米植株中总 TC 浓度较小，而其在土壤中残留量却偏大，可能是由于 JJ 和 S 处理能够将四环素固定在土壤中，因此其在土壤中的残留量多，向植物体中迁移量少，这也反映出四环素残留量在整个土壤—植物系统中较平衡。JJ，JS 和 S 处理的 BCF 值较小，表明添加这些物质可能会妨碍 TC 从土壤向植物组织的积累，其在植物各器官中的生物富集量少，TF 值较大，说明其从植物地下组织向地上组织运输能力较强，这也与其植物根部受损程度相关。这些处理的玉米根部受损小，从其生长参数也可以看出玉米根系生长受 TC 胁迫影响较小，这表明添加这些修复物质可以有效缓解 TC 胁迫并促进植物生长。

10.4 不同基质对四环素类抗性基因在土壤—玉米体系残留的影响

ARGs 通过植物组织气孔或机械损伤转移并存在于根内部，然后随着植物生长到达茎叶和籽粒中，另外植物体内的抗生素对植物内生菌的诱导和突变作用也促进 ARGs 传播[37]。本研究发现，TC 与 *tet*B，*tetG* 和 *tetX* 呈显著正相关（表 4-7），这与之前的一些研究结果一致[17,38]。而一些研究发现抗生素和 ARGs 之间无显著相关性[39,40]，这可能是由于所抗生素及基因类型不同引起的。整合子是微生物可以快速获得对多种因素的抗性的机制，对于 ARGs 的扩散和水平转移非常重要[41]，且在存在抗生素的情况下广泛检测到高丰度整合子。在本研究中，*intI*1 与 *tetG* 和 *tetX* 呈显著相关，*intI*1 是移动基因元件的一种指示基因，其在土壤—植物系统中广泛存在且丰度很高，可通过水平基因转移促进 ARGs 的积累和扩散。而 ARGs 间的显著相关性可能是由于它们在同一宿主细菌或移动基因元件上[3]。添加不同基质中，生物炭的添加抑制了 *intI*1 由玉米根部向茎叶和籽粒部的转移。玉米植株的 ARGs 中，*tetW* 相对丰度最大，其次是外排泵基因 *tetG* 和 *tetB*，而土壤中最大为 *tetX*，其次为 *tet*G 和 *tetW*，与植物中分布规律不同，这可能与基因类型和存在基质有关。

10.5　外源四环素污染条件下不同基质的修复效果

添加不同基质能通过抗氧化酶系统与其他抗性因子间的协同作用共同抵御 TC 胁迫，减少过量活性氧对细胞膜脂的伤害，保持植物体细胞的完整性，维持植物的正常生长和代谢，一定程度上能够降解四环素，降低 ARGs 丰度。JK 和 S 处理的 TC 残留量和 ARGs 相对丰度均较小，可能是添加菌糠和生物炭加强了对 TC 的吸附，同时，增加了土壤中微生物量及其代谢能力，促进了 TC 的微生物降解。此外，QY 处理的 TC 残留量及 ARGs 相对丰度均较高，可能是由于蚯蚓堆肥过程中畜禽粪便残留的四环素及抗性基因进入蚯蚓肠，但无法被蚯蚓代谢而留在蚯蚓粪中。总体上，研究发现配施处理（JQ 和 JJ 处理）优于单施处理（QY 和 JK 处理），这可能是由于菌剂中的有益微生物可与其产生协同反应以降低 TC 残留浓度并促进植物生长。而生物炭单施处理（S 处理）优于配施处理（JS 处理），这一发现可能与生物炭本身的性质有关。生物炭可通过 $\pi-\pi$ 键和金属架桥作用增加对土壤中 TC 的吸附，使 TC 由游离态转化为结合态[42]，降低其生物有效性及转移性，缓解其对微生物的选择性压力，最终减少土壤—植物体系中 TC 浓度及 ARGs 相对丰度。总的来说，生物炭是最佳的修复基质，可以有效减轻 TC 胁迫对植物的生理毒性，并减少土壤—植物系统中 TC 和 TRGs 的残留，这与 Jiao 等[22]研究发现的生物炭可有效控制土壤抗生素、ARGs 向马铃薯的可食部分转移的结果相近。此外，段曼莉[3]，原文丽[43]，马瑞阳等[44]，

Rajapaksha[45]等人的研究均表明生物炭能有效减少土壤中有效态抗生素的含量，减少抗生素向植物的转移并促进植物生长。然而，目前没有研究能够清楚地描述TC影响植物生长的机制以及不同基质降解TC的机理，因此确定明确的分子机制应成为未来研究的重点。

11 结论

（1）TC胁迫对玉米生长产生了明显的抑制作用，且对地下部的抑制作用大于地上部，添加不同基质处理均能有效缓解其对玉米生长的毒害作用，其中JQ、JJ和JS处理效果显著。四环素抑制了玉米叶绿素的合成与积累，S处理对叶绿素的合成有显著的促进作用。

（2）外源添加四环素破坏了玉米植株体内抗氧化防御系统的平衡。在玉米幼苗期会诱导SOD活性上升而抑制CAT和POD活性，拔节期和成熟期则相反，添加不同基质后细胞通过抗氧化酶的协同作用共同抵抗TC胁迫，其中QY和JQ处理对促进抗氧化酶系统平衡的效果最显著。与CK处理相比，TC处理在幼苗期显著增加了玉米Pro、MDA和可溶性蛋白含量，增加了可溶性糖和总黄酮含量；但对玉米三个生育期不同器官的N、P、K含量影响不大。添加不同基质处理中，JJ、JK和S处理在一定程度上可减少玉米中抗性因子的含量，增加玉米器官的养分含量。

（3）TC胁迫对玉米三个生育期（幼苗期—拔节期—成熟期）土壤酶活性的影响不一，抑制了玉米三个生育期土壤过氧化氢酶和脲酶活性，对碱性磷酸酶活性影响为抑制—激活—再抑制，而对蔗糖酶活性无明显影响。添加各种基质均能不同程度上提高土壤酶活性，其中，JK和JJ处理的土壤酶活性在玉米三个生育期均较高。TC胁迫显著抑制了土壤微生物量碳，对土壤微生物量氮则表现为前期激活后期抑制。外源添加四环素增加了土壤碱解氮、速效磷和阳离子交换量等养分含量，对速效钾和有机质影响不大。在添加不同基质处理中，JJ处理能有效提高土壤微生物量碳氮含量，且对土壤养分也有显著的促进作用。

（4）玉米体内TC残留量地下部明显高于地上部，在不同器官中总体分布规律为根部＞茎叶部＞籽粒部，与其在植物体内的富集量规律一致。添加不同基质处理的 TC 总残留量明显减少，降解率达 3.48%～68.84%，其中 JJ 处理降解效果最佳，其次是 S 处理，而土壤中 JS 处理的 TC 残留量最少，降解率达 50.61%。S 和 JJ 处理在玉米不同部位的生物富集系数均较小，而转运系数均较大。

（5）土壤—植物系统中 ARGs 相对丰度差异很大。在玉米植株内 *intI*1＞*tetW*＞*tetG*＞*tetB*＞*tetM*＞*tetX*＞*tetO*，与土壤中基因相对丰度规律不同，且不同基因在玉米不同器官中的残留规律也不同。添加不同基质处理中 S 处理的玉米植株体内 ARGs 总相对丰度最小，且在玉米各器官中及土壤中相对丰度也最小。相关分析表明，TC 含量与 *tetB*、*tetG* 和 *tetX* 呈显著正相关关系。

（6）添加不同基质均能不同程度上缓解 TC 对玉米生长的抑制作用，减少 TC 及 ARGs 在土壤—植物体系的残留，其中 S（生物炭）、JS（生物炭＋菌剂）和 JJ（菌糠＋菌剂）处理效果较好。生物炭单施或与菌剂配施对减少抗生素残留、减少抗性基因丰度效果明显。

参考文献

［1］Qin J M，Song J L，Liu F W，Zhang J，et al. Reducing residues of tetracycline and its resistance genes in soil - maize system and improving plant growth：Selecting the best remediation substance［J］. Pedosphere，2022，32（2）：268 - 282.

［2］宋建丽，秦俊梅，熊华烨，等．添加不同基质对含四环素土壤玉米幼苗生理特性的影响［J］. 水土保持学报，2019，33（2）：342 - 349.

［3］段曼莉．生物炭对土壤中抗生素及其抗性基因变化的影响研究［D］. 杨凌：西北农林科技大学，2017.

［4］Hu X G，Zhou Q X，Luo Y. Occurrence and source analysis of typical veterinary antibiotics in manure，soil，vegetables and groundwater from organic vegetable bases，northern China［J］. Environ. Pollut.，2010，158（9）：2992 - 2998.

［5］迟荪琳，王卫中，徐卫红，等．四环素类抗生素对不同蔬菜生长的影响及其富集转运特征［J］. 环境科学，2018，39（2）：935 - 943.

［6］Qin J M，Xiong H Y，Ma H T，et al. Effects of different fertilizers on residues of oxytetracycline and microbial activity in soil［J］. Environ. Sci. Pollut. Res.，2018，26（1）：

1 - 10.

[7] 马瑞阳，闫聪聪，符博敏，等．生物质炭对土霉素胁迫下小白菜种子萌发的影响 [J]. 生态毒理学报，2017，12 (3)：564 - 571.

[8] 高俊凤．植物生理学实验指导 [M]. 2006.

[9] Choudhary M, Jetley U K, Khan M A, et al. Effect of heavy metal stress on proline, malondialdehyde, and superoxide dismutase activity in the cyanobacterium Spirulina platensis - S5 [J]. Ecotox. Environ. Safe., 2007, 66 (2): 204 - 209.

[10] Luna C M, Pastori G M, Driscoll S, et al. Drought controls on H_2O_2 accumulation, catalase (CAT) activity and CAT gene expression in wheat [J]. J. Experimental Botany, 2005, 56 (411): 417 - 423.

[11] Prabhukarthikeyan S R, Keerthana U, Raguchander T. Antibiotic - producing Pseudomonas fluorescens, mediates rhizome rot disease resistance and promotes plant growth in turmeric plants [J]. Microbiol. Res., 2018 (210): 65 - 73.

[12] Kuang Y, Xu Y, Zhang L, et al. Dominant Trees in a Subtropical Forest Respond to Drought Mainly via Adjusting Tissue Soluble Sugar and Proline Content [J]. Front. Plant Sci., 2017 (8): 802.

[13] Hagege D, Nouvelot A, Boucaud J, et al. Malondialdehyde titration with thiobarbiturate in plant extracts: Avoidance of pigment interference [J]. Phytochem. Analysis, 2011, 1 (2): 86 - 89.

[14] 何书美，刘敬兰．茶叶中总黄酮含量测定方法的研究 [J]. 分析化学，2007，35 (9)：1365 - 1368.

[15] 鲍士旦．土壤农化分析 [M]. 北京：农业出版社，1980.

[16] 周礼恺，张志明．土壤酶活性的测定方法 [J]. 土壤通报，1980 (5)：37 - 38，49.

[17] Wu N, Qiao M, Zhang B, et al. Abundance and Diversity of Tetracycline Resistance Genes in Soils Adjacent to Representative Swine Feedlots in China [J]. Environ. Sci. Technol., 2010, 44 (18): 6933 - 6939.

[18] 林启美，吴玉光，刘焕龙．熏蒸法测定土壤微生物量碳的改进 [J]. 生态学杂志，1999 (2)：63 - 66.

[19] Vilvert E, Contardo - Jara V, Esterhuizen - Londt M, et al. The effect of oxytetracycline on physiological and enzymatic defense responses in aquatic plant species Egeria densa, Azolla caroliniana, and Taxiphyllum barbieri [J]. Toxicol. Environ. Chem., 2016, 99 (1), 104 - 116.

[20] Dijck P, Van, Voorde H, et al. Sensitivity of environmental microorganisms to antimicrobial agents [J]. Appl. Environ. Microbiol., 1976, 31 (3): 332 - 336.

[21] 李亚宁，张丽红，殷艳艳，等．典型磺胺类抗生素对油菜叶片叶绿素、可溶性蛋白及抗氧化酶的影响 [J]. 环境污染与防治，2017，39 (11)：1209 - 1212.

[22] Ngigi A N, Ok Y S, Thiele - Bruhn S. Biochar - mediated sorption of antibiotics in pig manure [J]. J. Hazard. Mater.，2019，364 (15)：663 - 670.

[23] Liu X H, Lv Y, Xu K, et al. Response of ginger growth to a Tetracycline - contaminated environment and residues of antibiotic and antibiotic resistance genes [J]. Chemosphere，2018 (201)：137 - 143.

[24] Kohanski M A, Dwyer D J, Collins J J. How antibiotics kill bacteria：from targets to networks [J]. Nat. Rev. Microbiol.，2010，8 (6)：423 - 435.

[25] Whan J A, Dann E K, Smith L J, et al. Acibenzolar - s - methyl - induced alteration of defence gene expression and enzyme activity in cotton infected with fusarium oxysporum f. sp. vasinfectum [J]. Physiol. Mol. Plant P.，2008，73 (6)：180 - 182.

[26] 李思未，罗桂花，乔枫，等．白叶枯病菌 PX099 对 CBB23 抗氧化酶活性和防御基因表达的影响 [J]. 应用与环境生物学报，2013，19 (6)：980 - 985.

[27] Zhang X, Du Y, Wang L, et al. Combined Effects of Lanthanum (III) and Acid Rain on Antioxidant Enzyme System in Soybean Roots [J]. Plos One.，2015，10 (7)：e0134546.

[28] Xie X J, Zhou Q X, Lin D S, et al. Toxic effect of tetracycline exposure on growth, antioxidative and genetic indices of wheat (Triticum aestivum L.) [J]. Environ. Sci. Pollut. R. inter.，2011，18 (4)：566 - 575.

[29] 曹佳．蚯蚓和菌根真菌促进土霉素降解及其修复污染土壤的协同机制 [D]. 北京：中国农业大学，2018.

[30] Koca H, Bor M, Zdemir F, et al. The effect of salt stress on lipid peroxidation, antioxidative enzymes and proline content of sesame cultivars [J]. Environ. Exp. Bot.，2007，60 (3)：344 - 351.

[31] Jiang W Q, Gao J, Cheng Z, et al. The effect of antibiotics on the persistence of herbicides in soil under the combined pollution [J]. Chemosphere，2018 (204)，303 - 309.

[32] Giller K E, Witter E, Mcgrath S P. Toxicity of heavy metals to microorganisms and microbial processes in agricultural soils：a review [J]. Soil biol. Biochem.，1998，30 (10 - 11)：1389 - 1414.

[33] Pan M, Chu L M. Phytotoxicity of veterinary antibiotics to seed germination and root elongation of crops [J]. Ecotox. Environ. Safe.，2016 (126)：228 - 237.

[34] Yue Y, Shen C C, Ge Y. Biochar accelerates the removal of tetracyclines and their intermediates by altering soil properties [J]. J. Hazard. Mater.，2019 (380)：120821.

[35] 姚建华，牛德奎，李兆君，等．抗生素土霉素对小麦根际土壤酶活性和微生物生物量的影响 [J]．中国农业科学，2010，43（4）：721－728.

[36] Yu X L，Liu X X，Liu H，et al. The accumulation and distribution of five antibiotics from soil in 12 cultivars of pak choi [J]．Environ. Pollut.，2019（254）：113－115.

[37] 沈怡雯，黄智婷，谢冰．抗生素及其抗性基因在环境中的污染、降解和去除研究进展 [J]．应用与环境生物学报，2015，21（2）：181－187.

[38] Yan M T，Xu C，Huang Y M，et al. Tetracyclines，sulfonamides and quinolones and their corresponding resistance genes in the Three Gorges Reservoir，China [J]．Sci. Total Environ.，2018，631（1）：840－848.

[39] Gao P，Munir M，Xagoraraki I. Correlation of tetracycline and sulfonamide antibiotics with corresponding resistance genes and resistant bacteria in a conventional municipal wastewater treatment plant [J]．Sci. Total Environ.，2012（421）：173－183.

[40] Wang F H，Qiao M，Chen Z，et al. Antibiotic resistance genes in manure－amended soil and vegetables at harvest [J]．J. Hazard. Mater.，2015（299）：215－221.

[41] 徐冰洁，罗义，周启星，等．抗生素抗性基因在环境中的来源、传播扩散及生态风险 [J]．环境化学，2010，29（2）：169－178.

[42] Dettenmaier E M，Doucette W J，Bugbee B. Chemical hydrophobicity and uptake by plant roots [J]．Environ. Sci. Technol.，2009，43（2），324－329.

[43] 原文丽．生物炭对铅和磺胺二甲嘧啶的吸附及其复合污染土壤的修复 [D]．武汉：华中农业大学，2016.

[44] 马瑞阳，闫聪聪，符博敏，等．生物质炭对土霉素胁迫下小白菜种子萌发的影响 [J]．生态毒理学报，2017，12（3）：564－571.

[45] Rajapaksha A U，Vithanage M，Lim J E，et al. Invasive plant－derived biochar inhibits sulfamethazine uptake by lettuce in soil [J]．Chemosphere，2014（111）：500－504.

第 5 章　生物炭对土霉素—镉复合污染土壤微环境及小白菜生长的影响

1　研究内容

通过盆栽试验，研究不同生物炭（苹果枝条、玉米秸秆和谷子秸秆最佳热解温度原生物炭及 H_3PO_4 改性生物炭）对土霉素—镉（OTC-Cd）复合污染土壤理化性质、土壤酶活性、土壤微生物群落等土壤微环境因子、植物生理特性及其土霉素（OTC）、镉（Cd）、四环素类抗性基因对土壤和植物体残留特征的影响，分析不同种类生物炭对土壤—植物系统产生的影响，评估生物炭对 OTC-Cd 复合污染土壤的修复效果。

2　技术路线

技术路线见图 5-1。

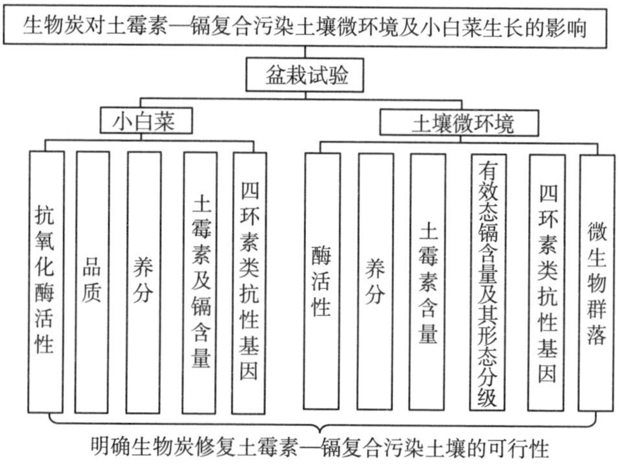

图 5-1　技术路线图

3 材料与方法

3.1 试验材料

盆栽供试植物为小白菜（*Brassica chinensis* L.），品种为上海青，种子购于河南大正润禾种业有限公司，于2021年10月27日在山西省太谷县四季新叶育苗基地育苗。盆栽土壤采自山西省太谷县石象村0～20cm农田耕层土壤（112°61′E，37°42′N），土壤采集后自然风干，剔除石块树枝等杂质，磨碎后过2mm备用。供试土壤的pH7.88，有机质、全氮、全磷和全钾含量分别为16.92、1.43、0.83和1.17g·kg^{-1}，碱解氮、速效磷和速效钾含量分别为62.46、17.84和204.47mg·kg^{-1}，全Cd含量为0.51mg·kg^{-1}，OTC未检出，*intI*1、*tetG*、*teM*、*tetO*、*teO*、*tetW*和*teX*的相对丰度分别为1.09×10^{-4}、1.11×10^{-6}、2.77×10^{-4}、9.81×10^{-5}、2.24×10^{-5}和4.84×10^{-5}，未检测到*tetX*。

采用缺氧热解法制备生物炭，将苹果枝条、玉米秸秆和谷子秸秆粉碎后过0.25mm筛备用，将以上三种原材料分别在马弗炉中600℃热解炭化3h，制得3种生物炭，并用H_3PO_4改性。H_3PO_4改性生物炭的制备方法为[1]：分别称取20g 600℃热解温度下制备的苹果枝条、玉米秸秆和谷子秸秆生物炭放入锥形瓶中，再加入40mL 14% H_3PO_4溶液，浸泡24h后，将改性后的生物炭用去离子水洗去多余H_3PO_4。将改性生物炭置于60℃烘箱烘至恒重，冷却后保存在密封袋中备用。

3.2 试验设计

盆栽试验于2021年12月7日在山西农业大学资源环境学院温室大棚（37°25′24.23″，112°34′33.66″）进行。通过外源添加四水硝酸镉（$Cd(NO_3)_2\cdot4H_2O$）、盐酸土霉素（OTC·HCl）的形式模拟复合污染土壤，将$Cd(NO_3)_2\cdot4H_2O$、OTC·HCl溶液均匀地喷洒到土壤上，避光平衡72h后用作盆栽试验，其中Cd、OTC的添加量分别为5、50mg·kg^{-1}。共计8个处理：CK（对照）；OCd处理（OTC+Cd）；A处理（OTC+Cd+苹果枝条原生物炭）；C处理（OTC+Cd+玉米秸秆原生物炭）；M处理

（OTC＋Cd＋谷子秸秆原生物炭）；PA 处理（OTC＋Cd＋改性苹果枝条生物炭）；PC 处理（改性玉米秸秆生物炭）；PM 处理（OTC＋Cd＋改性谷子秸秆生物炭）。生物炭添加量为 1.5%，所用肥料为硫酸钾复合肥（N：P_2O_5：K_2O＝16：16：16，总养分≥48%），施用浓度为 0.625g・kg^{-1}，每盆装土 3kg，种植前将土壤、肥料和生物炭充分混匀。

2021 年 12 月 7 日选长势相近、健壮的小白菜幼苗移至内径 20cm，高 14cm 的盆钵中，每盆移 3 株。小白菜生长过程中不施加任何肥料，不打农药，定期浇水，土壤含水率控制在田间持水量的 60%左右。于 2021 年 12 月 23 日（15d）第一次取样，每盆取 1 株，2022 年 1 月 19 日（45d）取剩余两株。小白菜采收后先用自来水将表面土壤清洗干净，后用去离子水润洗，用滤纸擦干后，一部分新鲜的小白菜地上部和根用于抗氧化酶活性、品质的测定及植物 DNA 的提取，另一部分冷冻干燥后用于测定 OTC 及 Cd 含量。

分别于盆栽试验第 1d、15d 和 45d 采集土壤样品，风干后测定土壤酶活性、养分、有效态 Cd 以及 Cd 的形态分级，冷冻干燥后测定 OTC、微生物群落及四环素类抗性基因。其中土壤养分、微生物群落及四环素类抗性基因仅在 45d 进行测定。

4　试验测定项目与方法

4.1　小白菜生理特性及土壤分析指标的测定方法

小白菜生理特性及土壤分析指标的测定方法见表 5－1 和表 5－2。

表 5－1　植物生理指标的测定方法

测定指标		测定方法
抗氧化酶活性	超氧化物歧化酶（SOD）活性	氮蓝四唑光化学还原法[97]
	过氧化氢酶（CAT）活性	碘量滴定法[97]
	过氧化物酶（POD）活性	愈创木酚法[97]
品质	硝酸盐含量	水杨酸—硫酸比色法[97]
	维生素 C 含量	2，6－二氯酚靛酚滴定法[97]
	可溶性糖含量	蒽酮比色法[97]

（续）

测定指标		测定方法
养分	氮	凯氏定氮法[98]
	磷	钒钼黄比色法[98]
	钾	火焰光度计法[98]

表 5-2 土壤酶活性及化学性质的测定方法

测定指标		测定方法
土壤酶活性	碱性磷酸酶活性	磷酸苯二钠比色法[99]
	蔗糖酶活性	二硝基水杨酸比色法[99]
	过氧化氢酶活性	高锰酸钾滴定法[99]
	脲酶活性	苯酚钠-次氯酸钠比色法[99]
	脱氢酶活性	氯化三苯基四氮唑还原法[99]
土壤化学性质	有机质	重铬酸钾外加热法[98]
	碱解氮	碱解扩散法[98]
	有效磷	钼锑抗比色法[98]
	速效钾	醋酸铵浸提火焰光度法[98]
	pH	电极法[98]
	阳离子交换量	乙酸钠浸提-火焰光度法[98]

4.2 土壤及小白菜土霉素、镉浓度的测定

采用 Qin 等[5]的方法提取土壤及植物中的 OTC。具体方法为：用 Na_2EDTA - McIlvaine（pH＝4）重复提取 3 次样品中的抗生素，其中植物样品用 10mL 正己烷反复洗涤以去除脂肪，将提取液在 40℃条件下旋转后固相萃取。固相萃取小柱依次用 5mL 甲醇和 5mL 超纯水活化后，将提取液以 $1mL \cdot min^{-1}$ 的流速通过小柱，然后用 5mL 5％的甲醇溶液和超纯水淋洗小柱，真空抽干 10min，用 5mL 甲醇洗脱小柱，收集洗脱液，在 40℃下用氮吹仪吹干，用甲醇定容至 1mL，过 0.22μm 有机滤膜后转移到自动进样瓶中，上机测定。OTC 的提取液使用高效液相色谱仪（HPLC，岛津，日本）进行测定。抗生素使用 C18 色谱柱［1.6μm，4.6 × 150mm（Waters BEH）］进行分离，流动相为 0.1％甲酸（流

动相A）和乙腈（流动相B），柱温为35℃，流速为0.8mL·min^{-1}，进样量为30μL，采用梯度洗脱，在355nm处检测，采集时间为35min。

采用HNO_3-$HClO_4$消解植物Cd，采用DTPA浸提法提取土壤有效态Cd[6]，采用Tessier法对土壤Cd进行形态分级[7]，植株及土壤中Cd含量采用石墨炉原子吸收分光光度计（PerkinElmer PinAAcle 900Z，美国）测定。

小白菜各组织Cd、OTC的富集系数（BCT）、转运系数（TF）按以下公式计算：

BCF=小白菜组织中Cd、OTC含量（mg·kg^{-1}）/土壤中Cd、OTC含量（mg·kg^{-1}）

TF=小白菜地上部Cd、OTC含量（mg·kg^{-1}）/根部Cd、OTC含量（mg·kg^{-1}）

4.3 土壤及小白菜四环素类抗性基因的测定

本研究对土壤及植物中核糖体保护基因（*tetM*、*tetO*和*tetW*），酶修饰基因（*tetX*），外排泵基因（*tetB*、*tetG*）和可移动遗传原件MGEs（*intI*1）进行了测定。根据说明书，采用土壤基因组DNA提取试剂盒（天根生物，北京，中国）提取土壤DNA。即将新鲜植物组织用液氮研磨采用植物基因组DNA提取试剂盒（天根生物，北京，中国）提取植物DNA，ARGs的检测委托上海启因公司完成，将提取DNA进行扩增。PCR的反应体包括：1 uL DNA模板，0.4 uL正反向引物，3 uL ddH_2O，5uL TB Green Premix Ex Taq II（Tli RNaseH Plus 2×），0.2 uL ROX Reference Dye（50×）。热循环程序为：在95℃下变性10min，然后在95℃下30s循环40次，在60℃下30s退火生成最终的熔体曲线，从60℃到95℃线性梯度升高温度以扩增产物的特异性，扩增后采用StepOnePlus™实时荧光定量PCR仪测定，阈值循环（CT）值以31作为检测限[8,9]。采用2-ΔCt的方法计算相对丰度，其中△Ct=Ct（目的基因）-Ct（内参基因）。在qPCR检测中所用的6种ARGs和可移动遗传原件*intI*1的引物见表5-3。

表 5-3　qPCR 的引物列表

基因名称	前引物	后引物
16*S*	GGGTTGCGCTCGTTGC	ATGGYTGTCGTCAGCTCGTG
*intI*1	CGAACGAGTGGCGGAGGGTG	TACCCGAGAGCTTGGCACCCA
tetM	CATCATAGACACGCCAGGACATAT	CGCCATCTTTTGCAGAAATCA
tetO	CAACATTAACGGAAAGTTTATTGTATACCA	TTGACGCTCCAAATTCATTGTATC
tetW	ATGAACATTCCCACCGTTATCTTT	ATATCGGCGGAGAGCTTATCC
tetX	AAATTTGTTACCGACACGGAAGTT	CATAGCTGAAAAAATCCAGGACAGTT
tetB	AGTGCGCTTTGGATGCTGTA	AGCCCCAGTAGCTCCTGTGA
tetG	TCAACCATTGCCGATTCGA	TGGCCCGGCAATCATG

4.4　土壤微生物群落的测定

使用土壤 DNA 提取试剂盒提取土壤 DNA 后，利用 Thermo Nano Drop One 检测 DNA 的纯度和浓度，土壤微生物群落高通量测序委托广东美格基因科技有限公司完成。以基因组 DNA 为模板，对细菌 16S rRNA 的 V4～V5（515F 5′-GTGCCAGCMGCCGCGGTAA-3′以及 907R5′-CCGTCAATTCMTTTRAGTTT-3′）区进行 PCR 扩增，用 1%琼脂糖凝胶电泳检测 PCR 产物的片段长度和浓度。利用 Gene Tools Analysis Softwa（Version4.03.05.0，SynGene）对 PCR 产物进行浓度对比后，按照等质量原则计算各样品所需体积，将各 PCR 产物进行混合。使用 E. Z. N. A. ® Gel Extraction Kit（Omega，美国）凝胶回收试剂盒回收 PCR 混合产物，TE 缓冲液洗脱回收目标 DNA 片段。

按照 NEBNext ® Ultra™ II DNA Library Prep Kit for Illumina ®（New England Biolabs，USA）标准流程进行建库操作。PCR 产物在 Illumina Nova 6000 平台测序。用 cutadapt 软件去除引物，利用 usearch-fastq_mergepairs（V10，http：//www.drive5.com/usearch/）获得原始的拼接序列（Raw Tags）后对质控过滤。根据序列的相似性，以 97%的一致性将序列聚类成为一个 OTU 单元（operational taxonomic units，OTUs），并剔除嵌合体。

5　数据处理

用 Excel 2021 和 SPSS 25 对数据进行统计及相关性分析，用单因素方差分析（ANOVA）和 Duncan 多重比较分析各处理间的差异显著性（$P<0.05$）；用 Origin 2022 进行绘图；用 Canoco 5 进行冗余分析（RDA）；用 Cytoscape 3.9.1 软件绘制相关性网络图；细菌属水平热图及 OTU 数目花瓣图通过广东美格基因科技有限公司平台绘制。

6　生物炭对土霉素—镉复合污染胁迫下小白菜生理特性的影响

6.1　不同生物炭对小白菜抗氧化酶活性的影响

超氧化物歧化酶（SOD）是植物抗氧化系统中的第一道线，作为生物体内清除自由基的首要物质，能将超氧阴离子自由基（$O_2\cdot^-$）转化为 H_2O_2。由图 5-2 可以看出，15d 和 45d 时，OCd 处理小白菜的 SOD 活性均显著低于 CK 处理（$P<0.05$）。在第 15d，与 OCd 处理相比，不同生物炭处理均可提高小白菜的 SOD 活性，其中 C、M、PA、PC 和 PM 处理与 OCd 处理

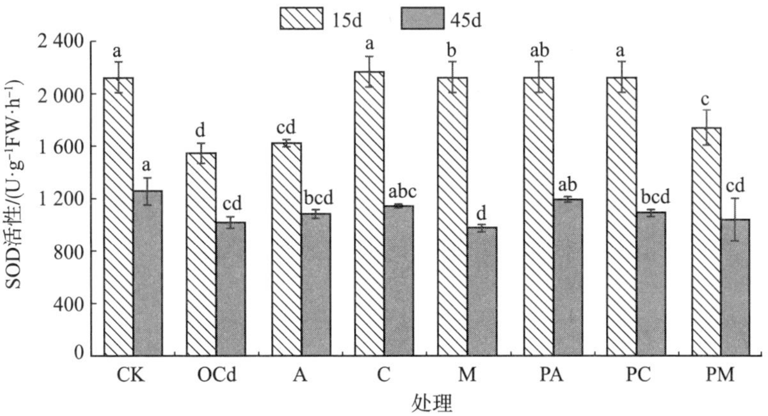

图 5-2　不同生物炭对小白菜超氧化物歧化酶（SOD）活性的影响

注：柱上字母表示同一时期不同处理之间在 $P<0.05$ 水平上差异显著，下同。

差异显著（$P<0.05$），增幅分别为39.94%、25.50%、39.61%、33.75%和12.35%，各生物炭处理相比，C、PC处理的SOD活性最高，其次为PA处理。在第45d，与OCd处理相比，PA处理增幅最显著（$P<0.05$），为16.81%。总体来看，15d小白菜叶片的SOD活性高于45d。

过氧化物酶（POD）是植物体内的另一种保护酶，主要分布在植物细胞的质外体、液泡中，可催化H_2O_2分解为H_2O和$O_2\cdot^-$，从而提高植物的抗逆能力。由图5-3可见，15d时，小白菜的POD活性显著低于CK处理（$P<0.05$），降幅为48.57%，而在45d显著高于CK处理（$P<0.05$），增幅为36.30%。15d时，添加不同生物炭均可缓解OTC-Cd复合污染对小白菜的毒害作用，其中A、C、PA和PC处理的POD活性显著高于OCd处理（$P<0.05$），增幅分别104.12%、145.60%、70.78%和49.83%。在第45d，生物炭处理小白菜的POD活性均小于OCd处理，其中A、C、PA和PM处理对降低POD活性达到显著水平（$P<0.05$），降幅分别为27.75%、26.05%、31.44%和50.41%。小白菜POD活性变化规律为45d<15d。

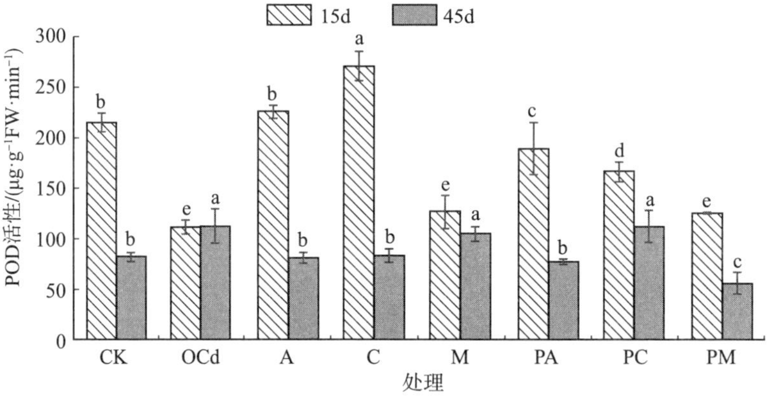

图5-3 不同生物炭对小白菜过氧化物酶（POD）活性的影响

过氧化氢酶（CAT）是在胁迫条件下植物清除活性氧（ROS）毒性作用必不可少的四聚体血红素酶，可将H_2O_2分解为H_2O和O_2。由图5-4可见，15d和45d时，OCd处理的CAT活性均显著大于CK处理（$P<0.05$），增幅分别为11.35%和80.95%。15d时，与OCd处理相比，不同生物炭处理均可显著降低CAT活性（$P<0.05$），其中M、PA和PM处理降幅最为

显著，分别为24.68%、28.71%和27.40%。45d时，与OCd处理相比，除了C处理，其他生物炭处理均可降低小白菜叶片的CAT活性，其中PA处理降幅最为显著（$P<0.05$），为13.29%。此外，无论在15d还是45d，各种原料H_3PO_4改性生物炭和原生物炭处理相比，均为H_3PO_4改性生物炭处理的CAT活性小于原生物炭处理。还可看出，小白菜POD活性变化规律为45d<15d。

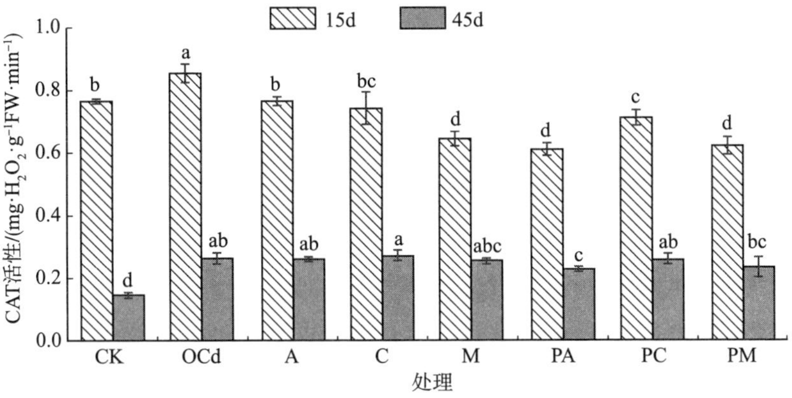

图5-4　不同生物炭对小白菜过氧化氢酶（CAT）活性的影响

6.2　不同生物炭对小白菜品质的影响

蔬菜尤其是叶菜类蔬菜极易积累硝酸盐，人体胃肠道微生物可将摄入的硝酸盐还原为亚硝胺，对人类健康构成严重威胁。从图5-5可以看出，OCd处理的小白菜硝酸盐含量在15d和45d均显著高于CK处理（$P<0.05$），增幅分别为28.24%和46.06%。在15d，PA、PC、PM处理的硝酸盐含量低于OCd处理，其中PA处理降幅最为显著（$P<0.05$），为15.79%；同种原料生物炭中，H_3PO_4改性生物炭处理的硝酸盐含量均显著小于原生物炭处理。45d时，不同生物炭处理（A、C、M、PA、PC和PM）的硝酸盐含量均显著小于OCd处理（$P<0.05$），降幅分别为62.59%、49.09%、20.04%、66.24%、23.60%和25.88%，其中PC处理硝酸盐含量显著高于C处理（$P<0.05$），PM处理小于M处理，PA处理小于A处理，但差异不显著；不同生物炭处理相比，谷子秸秆生物炭处理的

硝酸盐含量最高，其次为玉米秸秆生物炭处理。总体来看，PA 处理减少小白菜硝酸盐含量效果最显著（$P<0.05$），硝酸盐含量变化规律为 15d>45d。

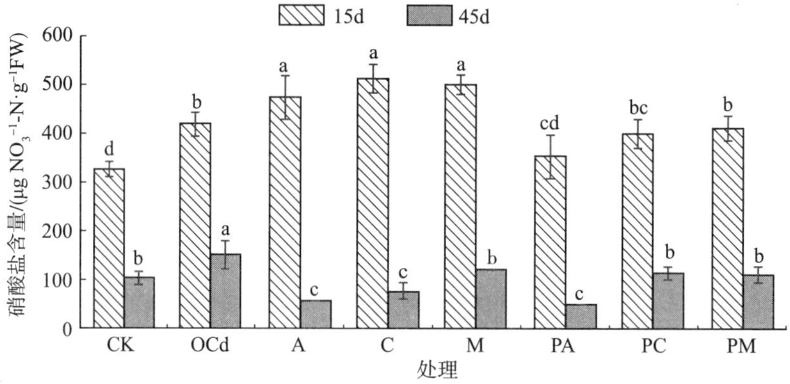

图 5-5　不同生物炭对小白菜硝酸盐含量的影响

可溶性糖主要包括葡萄糖、蔗糖、果糖等，是植物光合作用的直接产物，其含量高低直接影响蔬菜的口感，并影响着渗透调节。由图 5-6 可以看出，OCd 处理小白菜 15d 时的可溶性糖含量显著高于 CK 处理（$P<0.05$），增幅为 35.75%，而 45d 时显著低于 CK 处理（$P<0.05$），降幅为 37.58%。15d 时，与 OCd 处理相比，A、M、PA 和 PM 处理的小白菜可溶性糖含量均有所增加，增幅分别 17.55%、117.37%、181.10% 和 171.17%，PA 处理的小白菜可溶性糖含量最高，其次为 PM 处理；同种原

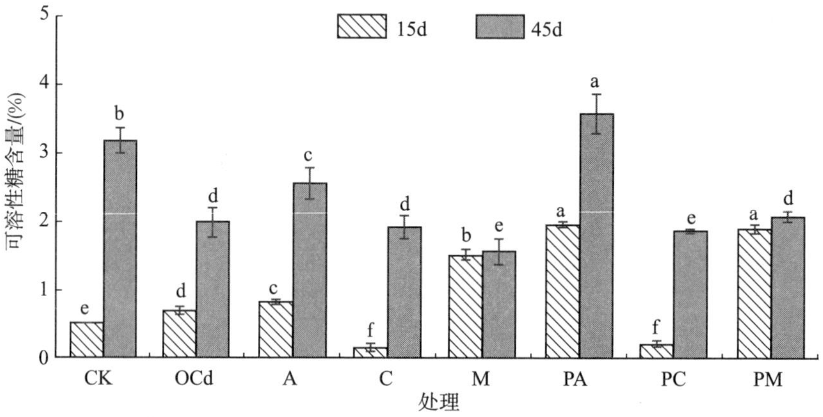

图 5-6　不同生物炭对小白菜可溶性糖含量的影响

料生物炭处理相比，均为改性生物炭处理小白菜可溶性糖高于原生物炭。45d 时，A、PA 和 PM 处理的可溶性糖含量高于 OCd 处理，增幅分别为 29.09%、80.47%和 4.47%；PA 处理的可溶性糖含量显著高于 P 处理（$P<0.05$），增幅为 39.80%，PM 处理较 M 处理增加 32.36%（$P<0.05$）。综合可见，苹果枝条生物炭处理的可溶性糖含量高于玉米秸秆和谷子秸秆生物炭，PA 处理增加小白菜可溶性糖含量效果最显著（$P<0.05$），且小白菜可溶性糖含量变化规律为 15d<45d。

维生素 C 是人体必需的物质，可以促进人体对营养元素的吸收，提高人体免疫力，但无法在人体内合成，必须靠外界摄取才能满足人体需要，其主要来源于新鲜的水果和蔬菜。由图 5－7 可以看出，15d 时，OCd 处理的维生素含量显著高于 CK 处理（$P<0.05$），增幅为 57.05%，而 45d 时显著低于 CK 处理（$P<0.05$），降幅为 12.74%。15d 时，与 OCd 处理相比，PA 处理的维生素 C 含量最高，其次为 M 处理；45d 时，M、PA、PC 和 PM 处理的维生素 C 含量显著高于 OCd 处理（$P<0.05$），增幅分别为 35.08%、38.96%、13.97%和 14.39%。在 15d 和 45d，H_3PO_4 改性苹果枝条生物炭处理（PA）的维生素 C 含量显著高于原生物炭（A）（$P<0.05$）。总的来说，PA 处理增加小白菜维生素 C 含量效果最显著（$P<0.05$），且小白菜维生素 C 的含量变化规律为 45d>15d。

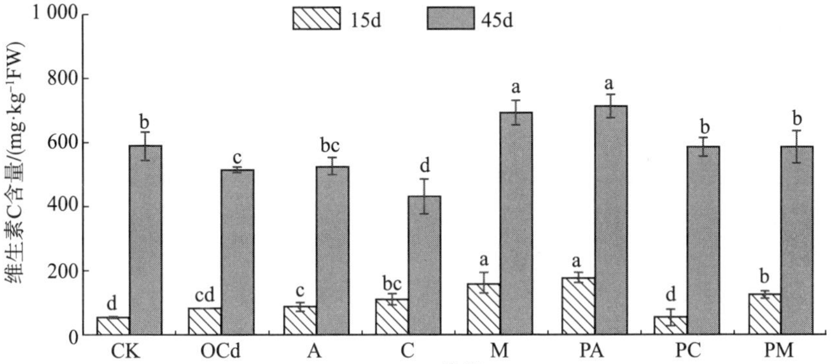

图 5－7　不同生物炭对小白菜维生素 C 含量的影响

6.3　不同生物炭对小白菜养分的影响

由表 5－4 可以看出，OCd 处理小白菜的氮、磷和钾含量与 CK 处理相比无显著差异。与 OCd 处理相比，PM 处理均可显著提高小白菜的氮和磷含量（$P<0.05$），同种原料生物炭相比，H_3PO_4 改性生物炭处理的磷含量显著高于原生物炭（$P<0.05$）；A 和 M 处理可显著提高小白菜的钾含量（$P<0.05$），增幅分别为 28.51%和 26.96%。总体可见，PM 处理小白菜的氮含量较高，PA、PC、PM 处理小白菜的磷含量较高，A 处理小白菜的钾含量较高。

表 5-4　不同生物炭对小白菜养分的影响

处理	氮/（$g \cdot kg^{-1}$）	磷/（$g \cdot kg^{-1}$）	钾/（$g \cdot kg^{-1}$）
CK	2.46±0.08ab	6.30±0.24cd	50.19±2.91de
OCd	2.36±0.14b	5.81±0.38d	58.86±2.94cd
A	2.45±0.16ab	6.96±0.47bc	75.64±6.04a
C	2.51±0.04ab	5.84±0.60d	57.93±6.14cd
M	2.56±0.29ab	6.37±0.54cd	74.73±3.44ab
PA	2.55±0.03ab	7.93±0.51a	59.04±8.62cd
PC	2.44±0.12ab	7.57±0.55ab	65.88±3.32bc
PM	2.66±0.03a	7.37±0.59ab	48.22±4.57e

注：不同小写字母表示在 $P<0.05$ 水平上差异显著，下同。

7　生物炭对土霉素—镉复合污染胁迫下土壤酶活性及化学性质的影响

7.1　不同生物炭对土霉素—镉复合污染土壤酶活性的影响

过氧化氢酶是一种重要的氧化还原酶，参与土壤中物质和能量的转化，其活性是表征土壤腐殖化强度大小和有机质积累程度的一个指标，在一定程度上可表征土壤肥力。从图 5-8 可以看出，随着时间推移，土壤过氧化氢酶活性总体上呈先升高后降低的趋势，且除了 OCd、C 和 PC 处理，第 15d 的过氧化氢酶活性均高于其他时期。OCd 处理的过氧化氢酶活性在 3 个时期均显著小于 CK 处理（$P<0.05$），降幅分别为 20.45%、20.86%和 11.68%，说明 OTC-Cd 复合污染可对土壤过氧化氢酶活性产生抑制作用。C、PA、PC 和 PM 生物炭在 3 个时期均可缓解 OTC-Cd 复合污染对土壤过氧化氢酶的抑制

作用。总体来看，PM 处理提高土壤过氧化氢酶活性的效果最佳。

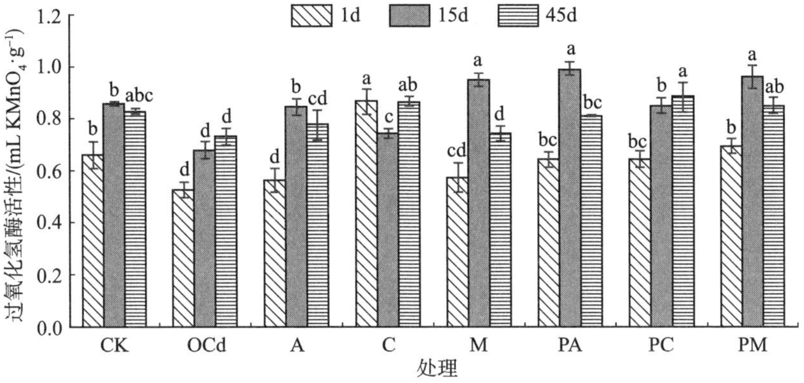

图 5－8　不同生物炭对 OTC－Cd 复合污染土壤过氧化氢酶活性的影响

蔗糖酶参与碳循环，为土壤及植物提供充分能源，其活性能反映土壤有机碳积累、分解、转化的规律，活性越大说明土壤肥力越强。从图 5－9 可以看出，土壤蔗糖酶随时间大体呈下降-回升趋势。在各个时期，OCd 处理的蔗糖酶活性均显著低于 CK 处理（$P<0.05$），说明 OTC－Cd 复合污染均可对土壤蔗糖酶活性产生抑制作用。在第 1d，添加生物炭处理的蔗糖酶活性均低于 OCd 处理，PA 处理土壤蔗糖酶活性在 15d 和 45d 均显著高于 CK 处理（$P<0.05$）。总体来看，改性生物炭处理的蔗糖酶活性高于原生物炭，PA、PM 处理的蔗糖酶活性较高。

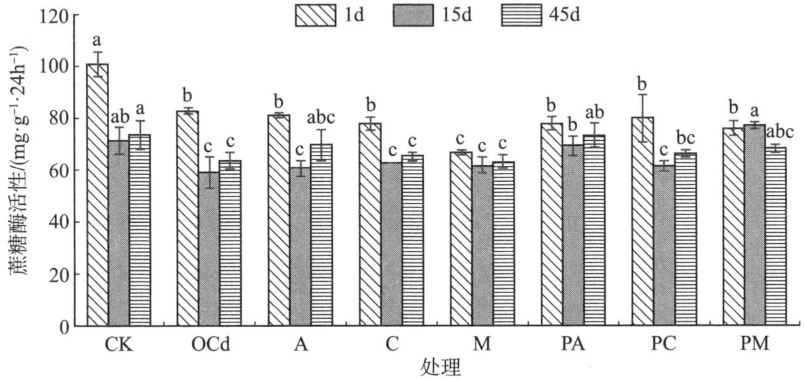

图 5－9　不同生物炭对 OTC－Cd 复合污染土壤蔗糖酶活性的影响

碱性磷酸酶参与土壤中磷的矿化和利用，主要功能是在碱性条件下将土壤中的有机磷水解成为磷酸盐，为植物和土壤中的生物体提供营养，土壤磷酸酶活性可反映土壤磷的利用状况。从图 5－10 可以看出，随着时间的推移，土壤碱性磷酸酶活性呈下降-回升的趋势。在不同时期，OCd 处理的碱性磷酸酶活性均显著小于 CK 处理（$P<0.05$），说明 OTC 与 Cd 复合污染会对土壤碱性磷酸酶产生抑制作用。添加生物炭会对土壤碱性磷酸酶活性产生一定的影响，第 1d 时，C、PA 处理与 OCd 处理相比无显著差异，其他生物炭处理的碱性磷酸酶活性均显著小于 OCd 处理（$P<0.05$）；第 15d 时，M、PA 和 PM 处理的碱性磷酸酶活性显著高于 OCd 处理（$P<0.05$），增幅分别为 5.45％、9.62％和 7.22％；试验结束时（45d），M、PA、PM 处理的碱性磷酸酶活性显著高于 OCd 处理（$P<0.05$），增幅分别为 6.46％、25.56％和 15.01％。整体可见，同种原料生物炭相比，改性生物炭对土壤碱性磷酸酶的促进效果优于原始生物炭。添加不同生物炭处理中，PA 处理土壤的碱性磷酸酶活性较高。

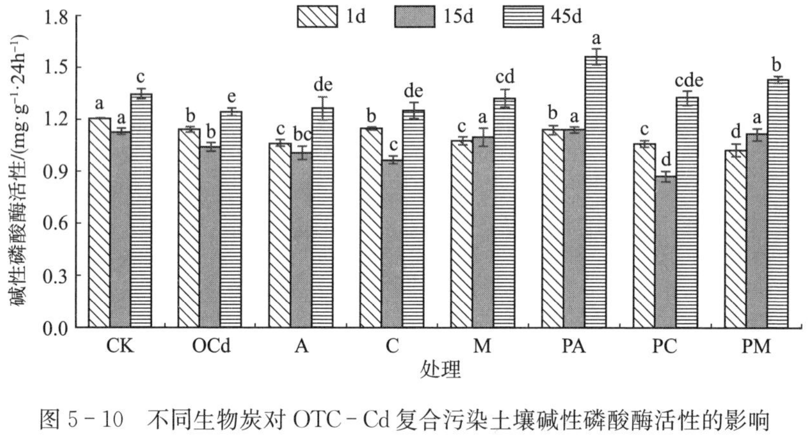

图 5－10　不同生物炭对 OTC－Cd 复合污染土壤碱性磷酸酶活性的影响

土壤脲酶作为一种水解酶，能够酶促土壤中的尿素水解成氨等易被植物吸收的化合物。从图 5－11 可以看出，土壤脲酶活性随时间变化呈上升-下降趋势，第 15d 时的脲酶活性最高。第 1d 时，OCd 处理的脲酶活性显著高于 CK 处理（$P<0.05$），增幅为 24.84％，而第 15d 和 45d 均低于 CK 处理（$P<0.05$），降幅分别为 7.27％和 25.70％。生物炭会对土壤脲酶活性产生

一定的影响，第 1d 时，生物炭处理的脲酶活性均显著低于 OCd 处理（$P<0.05$），说明生物炭对脲酶活性产生了抑制作用；第 15d 时，A、M、PA、PC 和 PM 处理的脲酶活性显著高于 OCd 处理（$P<0.05$），增幅分别为 15.89%、17.49%、24.75%、8.85%和 13.53%；第 45d 时，所有生物炭处理的脲酶活性显著高于 OCd 处理（$P<0.05$），其中 A 和 M 处理的增幅最大，增幅分别为 34.59%和 36.05%。总体可见，A 和 M 处理对土壤脲酶活性促进作用最显著。

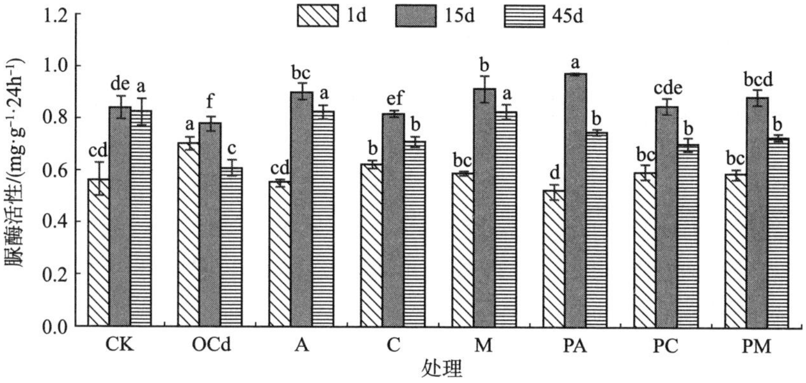

图 5－11 不同生物炭对 OTC－Cd 复合污染土壤脲酶活性的影响

脱氢酶是一种能催化电子传输系统中有机物质脱氢，使土壤中有机污染物降解的胞内酶，其活性通常被用来衡量土壤微生物活性的高低。从图 5－12

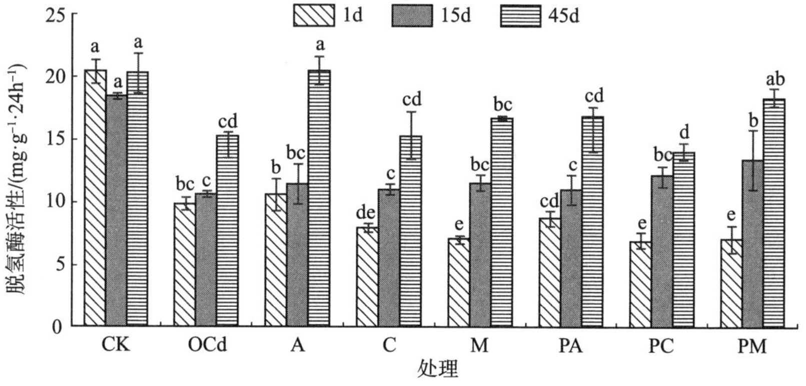

图 5－12 不同生物炭对 OTC－Cd 复合污染土壤脱氢酶活性的影响

可以看出，CK处理随时间变化呈下降-上升趋势，而其他处理呈上升趋势。第1d、15d和45d，OCd处理脱氢酶活性均显著小于CK处理（P<0.05），降幅分别为52.12%、42.45%和28.48%，说明OTC与Cd复合污染会对土壤脱氢酶活性产生抑制作用。第1d时，A、PA处理与OCd处理相比无显著差异，而其他生物炭处理的脱氢酶活性均显著小于OCd处理（P<0.05）；第15d时，PM处理的脱氢酶活性显著高于OCd处理（P<0.05），增幅为26.35%；第45d时，A、PM处理的脱氢酶活性显著高于OCd处理（P<0.05），增幅分别为41.19%和26.23%。总体可见，不同生物炭处理中，PM处理对脱氢酶活性促进效果最显著。

7.2 不同生物炭对土霉素—镉复合污染土壤化学性质的影响

由表5-5可以看出，与CK处理相比，OCd处理的pH和阳离子交换量显著降低（P<0.05），降幅分别为1.04%和26.46%，而碱解氮、速效磷、速效钾和有机质与CK处理相比无显著差异。生物炭可对土壤养分产生一定的影响，与OCd处理相比，除了PM、PA处理，其他生物炭处理均可显著提高土壤的pH（P<0.05）；A、M和PA处理可显著提高土壤的速效钾含量（P<0.05），增幅分别为49.83%、253.98%和43.56%；所有生物炭处理均可显著提高土壤的速效磷、有机质和阳离子交换量（P<0.05）。综合可见，A、PM处理对土壤养分的促进作用最佳。

表5-5 不同生物炭对土壤化学性质的影响

处理	pH	碱解氮/（mg·kg^{-1}）	速效磷/（mg·kg^{-1}）	速效钾/（mg·kg^{-1}）	有机质/（g·kg^{-1}）	阳离子交换量/（cmol·kg^{-1}）
CK	7.99±0.02bc	71.38±3.58a	31.30±2.82de	104.09±6.07c	22.52±0.53e	21.78±0.74b
OCd	7.91±0.03de	73.65±4.22a	25.60±3.58e	106.78±6.90c	22.17±1.27e	16.02±0.71c
A	8.06±0.02a	69.36±3.93abc	38.22±5.58c	159.98±10.00b	52.33±4.54ab	22.66±0.12b
C	8.01±0.05ab	71.38±6.42a	33.00±3.35cd	112.06±2.33c	43.28±4.65cd	24.94±1.85a
M	8.06±0.08a	69.00±3.7abc	37.94±3.65cd	377.97±18.33a	48.58±1.56bc	22.57±0.24b
PA	7.94±0.01cd	61.86±2.73c	52.02±2.13b	153.29±6.12b	56.12±2.70a	22.30±0.25b
PC	8.03±0.03ab	62.79±5.90bc	34.15±3.95cd	106.75±8.03c	38.04±4.27d	21.95±0.22b
PM	7.88±0.01e	70.74±2.11ab	59.12±2.82a	113.44±6.09c	55.41±5.62a	22.89±0.30b

8　生物炭对土壤和小白菜中土霉素、镉含量的影响

8.1　不同生物炭对土壤和小白菜中土霉素残留的影响

抗生素通过被动扩散被植物吸收，通过根系中的凯氏带运输，然后通过木质部和韧皮部分别转运至茎叶和果实。由图 5－13 可知，小白菜组织中 OTC 的累积含量为：根部＞地上部。生物炭的添加可显著降低小白菜地上部和根部的 OTC 浓度（$P<0.05$），与 OCd 处理相比，小白菜中地上部 OTC 的残留量降低了 17.81%～40.22%，其中 PC 处理地上部的 OTC 含量最低，为 15.19mg・kg^{-1}，总体规律为：PC＜M＜PM＜PA＜C＜A；小白菜中根部 OTC 的残留量降低了 7.43%～63.80%，总体规律为：PM＜PC＜M＜PA＜C＜A。总体可见，同种原料生物炭处理相比，H_3PO_4 改性生物炭处理中 OTC 的累积量低于原生物炭；不同原料生物炭处理相比，谷子秸秆生物炭处理中小白菜组织中的 OTC 累积量最低，其次为玉米秸秆，最后为苹果枝条。

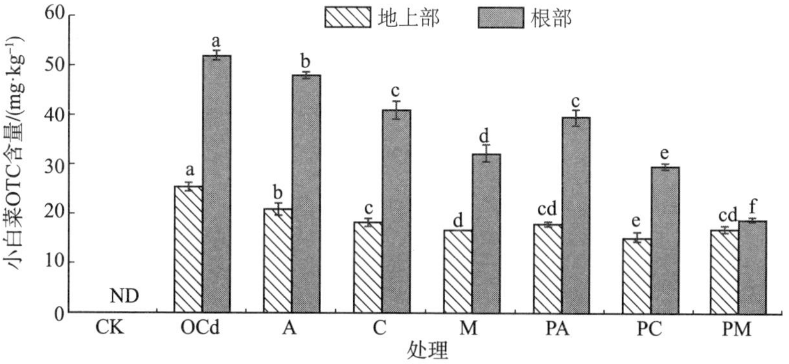

图 5－13　不同生物炭对 OTC－Cd 复合污染土壤中小白菜 OTC 残留的影响

由图 5－14 可以看出，土壤中 OTC 含量随时间变化呈下降趋势。第 1d 时，不同生物炭与 OCd 处理相比均无显著差异；第 15d 时，A、C、M、PA、PC 和 PM 处理与 OCd 处理相比降幅为 17.99%、29.20%、42.37%、22.60%、32.59%和 41.22%；第 45d 时，生物炭处理比 OCd 处理多下降 1.70、2.48、3.06、2.06、2.79 和 3.10mg・kg^{-1}，OTC 在 OCd、A、C、

M、PA、PC 和 PM 处理的降解率分别为 92.67%、94.37%、95.57%、93.44%、95.00%和 95.60%，可见添加生物炭显著促进 OTC 在土壤中的降解。不同原料生物炭对土壤中 OTC 的降解作用不同（谷子秸秆>玉米秸秆>苹果枝条），此外，H_3PO_4 改性生物炭的效果优于原生物炭。

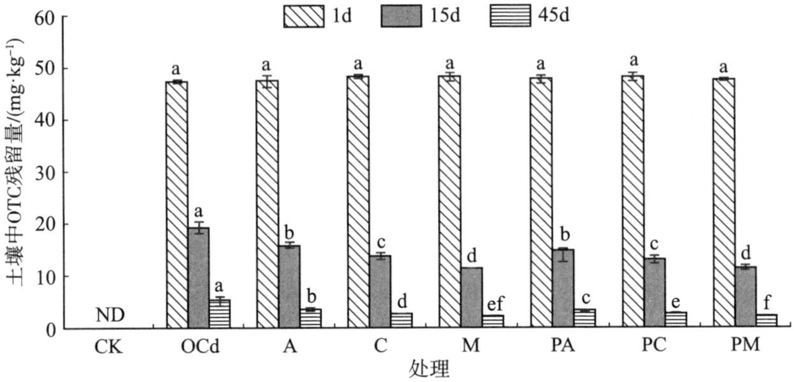

图 5-14　不同生物炭对 OTC-Cd 复合污染土壤中 OTC 残留的影响

8.2　不同生物炭对土壤和小白菜中镉含量的影响

不同处理 OTC-Cd 复合污染土壤中小白菜各组织 Cd 含量见图 5-15。由图 5-15 可知，各处理中根部的 Cd 含量要高于地上部，即 Cd 主要在根部

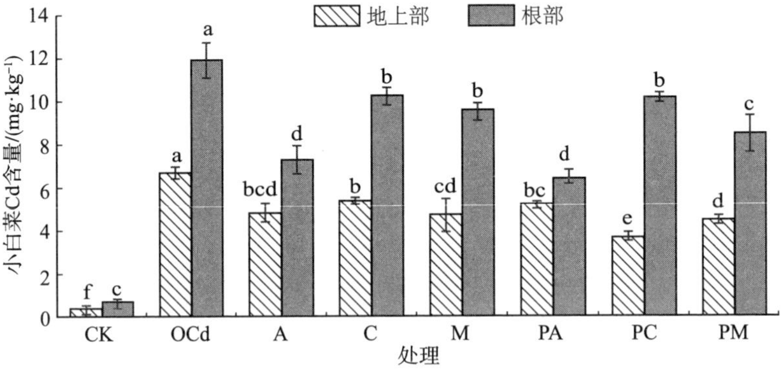

图 5-15　不同生物炭对 OTC-Cd 复合污染土壤中小白菜中 Cd 含量的影响

积累；施用生物炭减少了植物组织对 Cd 的吸收，不同生物炭对小白菜地上部和根部 Cd 的积累差异显著，A、C、M、PA、PC 和 PM 处理小白菜地上部 Cd 含量与 OCd 处理相比降幅分别为 28.03%、19.57%、29.42%、22.00%、44.49%和 33.13%，根部 Cd 含量与 OCd 处理相比降幅分别为 59.78%、55.06%、60.56%、56.41%、68.98%和 62.63%。总体来看，改性生物炭处理小白菜的 Cd 含量低于原生物炭。

由图 5-16 可以看出，土壤有效态 Cd 含量随培养时间的增加逐渐下降，生物炭的添加可降低土壤有效态 Cd 含量。1d 时，不同生物炭处理与 OCd 处理相比无显著差异；15d 时，不同生物炭处理的土壤有效 Cd 含量均显著低于 OCd 处理（$P<0.05$），但各生物炭处理间无显著差异；45d 时，A、C、M、PA、PC 和 PM 处理的土壤有效态 Cd 含量均显著小于 OCd 处理（$P<0.05$），降幅分别为 49.54%、53.66%、71.56%、58.95%、74.56%和 79.52%。总体可见，不同原料生物炭对土壤中有效 Cd 含量的影响不同（谷子秸秆>玉米秸秆>苹果枝条），此外，H_3PO_4 改性生物炭的效果优于原生物炭。

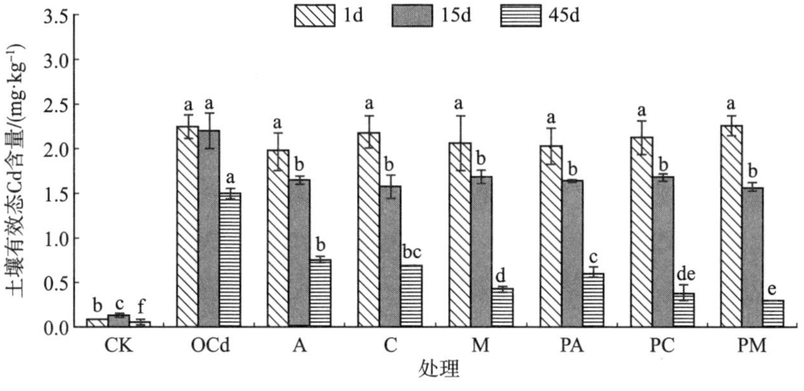

图 5-16　不同生物炭对 OTC-Cd 复合污染土壤中土壤有效态 Cd 含量的影响

重金属形态可决定作物吸收的难易程度，可交换态和碳酸盐结合态重金属具有较高的生物有效性，铁锰氧化态、有机结合态和残渣态活性依次降低，生物炭对土壤中 Cd 的固定作用主要表现在其对 Cd 形态转化的影响。图 5-17 显示了不同培养时期和不同生物炭对土壤 Cd 的形态变化。

Cd形态含量表现为残渣态＞可交换态＞铁锰氧化态＞碳酸盐结合态＞有机结合态。铁锰氧化态和碳酸盐结合态在整个培养过程中趋于平稳，可交换态和有机态Cd随时间变化呈下降趋势，残渣态随时间变化呈上升趋势。生物炭可对土壤中可交换态、有机态和残渣态Cd产生影响。与OCd处理相比，第1d时，C、M处理的可交换态比例降幅为5.27%和5.44%；除了PA处理，不同生物炭处理均可增加土壤中的有机态Cd含量。第15d时，生物炭处理的碳酸盐结合态、残渣态和铁锰氧化态Cd与OCd处理相比无显著差异，可交换态Cd显著低于OCd处理，有机态Cd显著高于OCd处理；第45d时，与OCd处理相比，不同生物炭处理的可交换态比例均小于OCd处理，而残渣态Cd比例均高于OCd处理。说明生物炭可使土壤中的可交换态Cd向有机态和残渣态转变，其中PM处理变化最为显著，与OCd处理相比，可交换态Cd降幅为40.30%，有机态和残渣态Cd增幅分别为28.54%和10.91%。总体可见，H_3PO_4 改性生物炭的效果优于原生物炭。

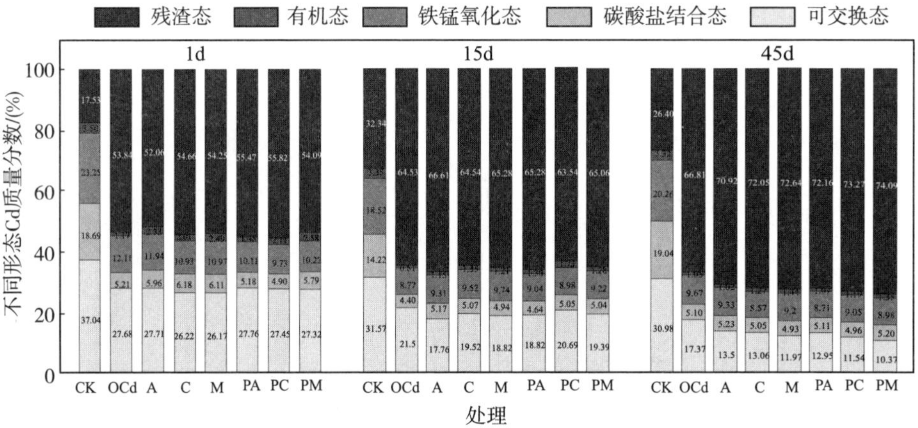

图5-17　不同生物炭对OTC-Cd复合污染土壤Cd形态的影响

8.3　土霉素、镉在土壤—植物体系中的富集、转运情况

由表5-6可知，添加不同生物炭处理中，所有处理小白菜地上部和根部OTC和Cd的富集系数均小于OCd处理，同一处理在小白菜地上部、根部OTC、Cd的富集系数存在差异，总体上为BCF根/土壤＞BCF地上部/

土壤。PC 处理对降低小白菜地上部 OTC 富集系数差异最显著，降幅为 41.19%；PM 处理对降低小白菜根部 OTC 富集系数差异最显著（$P<0.05$），降幅为 64.07%；PA 处理对降低小白菜地上部、根部 Cd 富集系数差异最显著（$P<0.05$），降幅分别为 44.63%和 46.01%。

苹果枝条生物炭（A）处理显著降低了 OTC 由根部到地上部的转运系数（$P<0.05$），降幅为 11.13%，说明苹果枝条生物炭有效抑制了 OTC 由根部向地上部转移，而对 Cd 转运系数却表现相反效果；改性玉米秸秆生物炭处理（PC）显著降低了 Cd 由根部到地上部的转运系数（$P<0.05$），降幅为 21.76%，说明改性玉米秸秆生物炭有效抑制了小白菜 OTC 由根部向地上部转移。

表 5-6　OTC、Cd 在土壤—植物体系中的富集、转运情况

处理	Cd			OTC		
	BCF 地上部/土壤	BCF 根/土壤	TF	BCF 地上部/土壤	BCF 根/土壤	TF
CK	0.47±0.05e	1.05±0.16e	0.44±0.02d	—	—	—
OCd	1.39±0.05a	2.49±0.17a	0.56±0.02bc	0.54±0.02a	1.10±0.02a	0.49±0.01bc
A	1.00±0.08bc	1.52±0.12d	0.66±0.08a	0.44±0.02b	1.01±0.03b	0.43±0.03d
C	1.09±0.04b	2.07±0.08b	0.53±0.03bcd	0.38±0.02c	0.85±0.05c	0.45±0.02cd
M	0.97±0.14bc	1.96±0.13bc	0.50±0.09cd	0.35±0.00cd	0.67±0.04d	0.52±0.03b
PA	0.77±0.05d	1.35±0.07d	0.58±0.06abc	0.38±0.02c	0.82±0.01c	0.46±0.02cd
PC	0.93±0.03c	2.12±0.06b	0.44±0.01d	0.32±0.02d	0.62±0.02e	0.51±0.04b
PM	1.10±0.03b	1.79±0.15c	0.62±0.06ab	0.36±0.01c	0.39±0.00f	0.90±0.03a

9　生物炭对土壤和小白菜中 ARGs、MGEs 相对丰度的影响

从图 5-18 可以看出，污染物及生物炭的添加使得土壤和小白菜中 ARGs 的相对丰度均发生了明显变化。ARGs 在土壤中的积累最高，其次是根和地上部。与 CK 处理相比，OTC、Cd 的加入使土壤及小白菜根、地上

部中 *intI*1、*tetB*、*tetO* 的相对丰度均增加。随着生物炭的加入，各类基因在土壤及小白菜根、地上部的相对丰度发生变化，在小白菜地上部、根部和土壤中，OCd 处理的 ARGs 总相对丰度均高于 CK 处理，而添加不同生物炭处理中，A、M 和 PM 处理的 ARGs 在土壤中的总相对丰度较小；C 和 PA 处理的 ARGs 在小白菜地上部的总相对丰度较小；M 和 PM 处理的 ARGs 在小白菜根部的总相对丰度较小。总体上，PM 处理减少四环素类抗性基因残留的效果最佳。

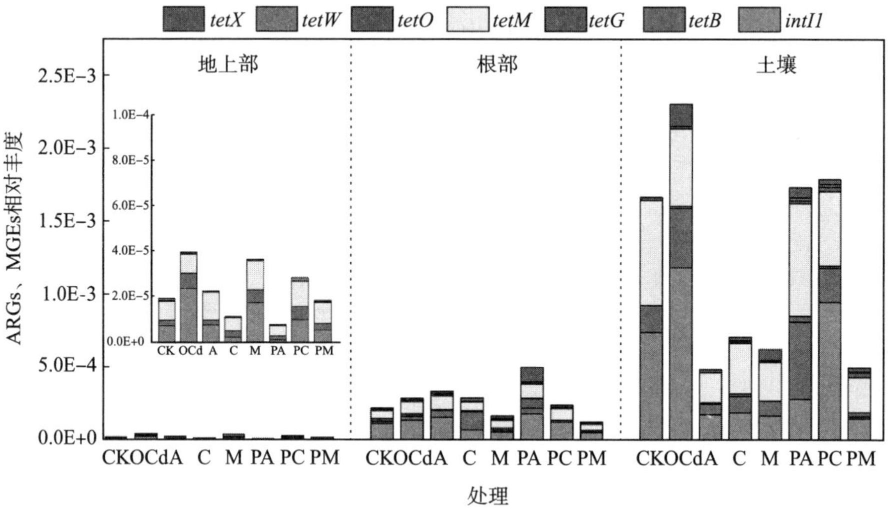

图 5－18　不同生物炭对土壤和小白菜中 ARGs、MGEs 相对丰度的影响

10　生物炭对土霉素—镉复合污染胁迫下土壤微生物群落的影响

图 5－19 可以直观反映不同土壤样品中物种（OTUs）组成的相似性及重叠情况。由图可见，不同处理土壤中共有的 OTUs 数目为 1 210 个，CK、OCd、A、C、M、PA、PC 和 PM 处理特有的 OTU 数分别为 341、355、425、425、372、526、360 和 378。结果表明，PA 处理土壤细菌群落结构最为复杂，特异性最高。

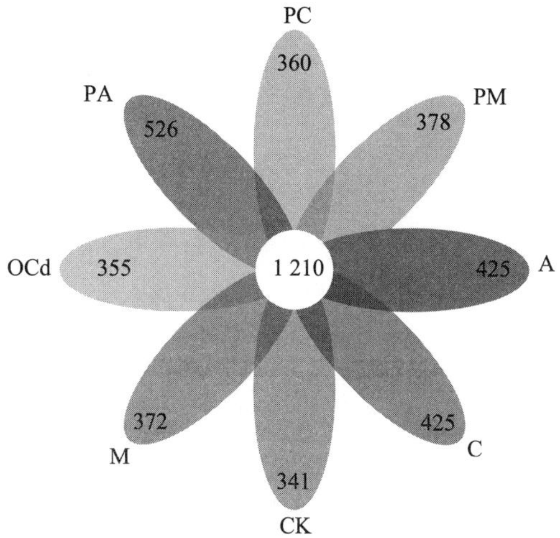

图 5－19　不同处理下土壤细菌韦恩图

从图 5－20 可以看出，不同处理中的细菌在门水平排名前 10 的物种组成相同，主要的门为变形菌门（*Proteobacteria*）、酸杆菌门（*Acidobacteria*）、拟杆菌门（*Bacteroidetes*）、绿弯菌门（*Chloroflexi*）、放线菌门（*Actinobacteria*）、浮霉菌门（*Planctomycetes*）、芽单胞菌门（*Gemmatimonadetes*），占总量的 92.10%～95.27%。OTC－Cd 复合污染降低了酸杆菌

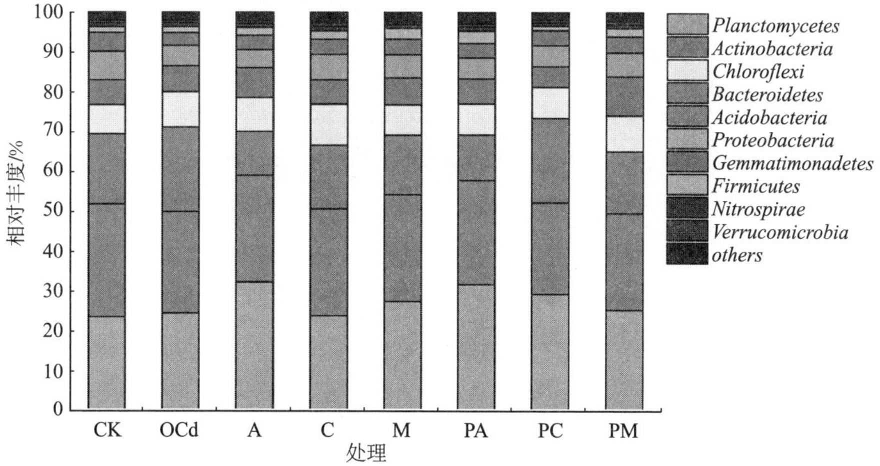

图 5－20　不同处理下土壤细菌门分类水平组成

门、浮霉菌门、芽单胞菌门和疣微菌门（*Verrucomicrobia*）的相对丰度，降幅分别为 10.08%、28.54%、32.52%和 4.33%。总体来看，生物炭可提高变形菌门、浮霉菌门、芽单胞菌门和厚壁菌门（*Firmicutes*）的相对丰度，降低了拟杆菌门的相对丰度。

从图 5-21 可以看出，在属水平上，除了未鉴定出（unidentified）和未分类（unaassigned）外，黄杆菌属（*Flavobacterium*）、*RB*41 属、溶杆菌属（*Lysobacter*）在各处理土壤中占比较大。在 OTC-Cd 复合污染胁迫下，与 CK 处理相比，变形菌门中的莱茵海默氏菌属（*Rheinheimera*）、纤维弧菌属（*Cellvibrio*）、伯克氏菌属（*Limnobacter*）和假单胞菌属（*Pseudomonas*）相对丰度增幅较大，增幅分别为 261.39%、161.80%、121.43% 和 63.33%；而变形菌门中的鞘氨醇单胞菌属（*Sphingomonas*）和放线菌门的新生螺旋菌属（*Noviherbaspirillum*）降幅最大，降幅分别为 41.48%和 52.10%。在 OTC-Cd 复合污染土壤中添加生物炭后，不同生物炭均增加

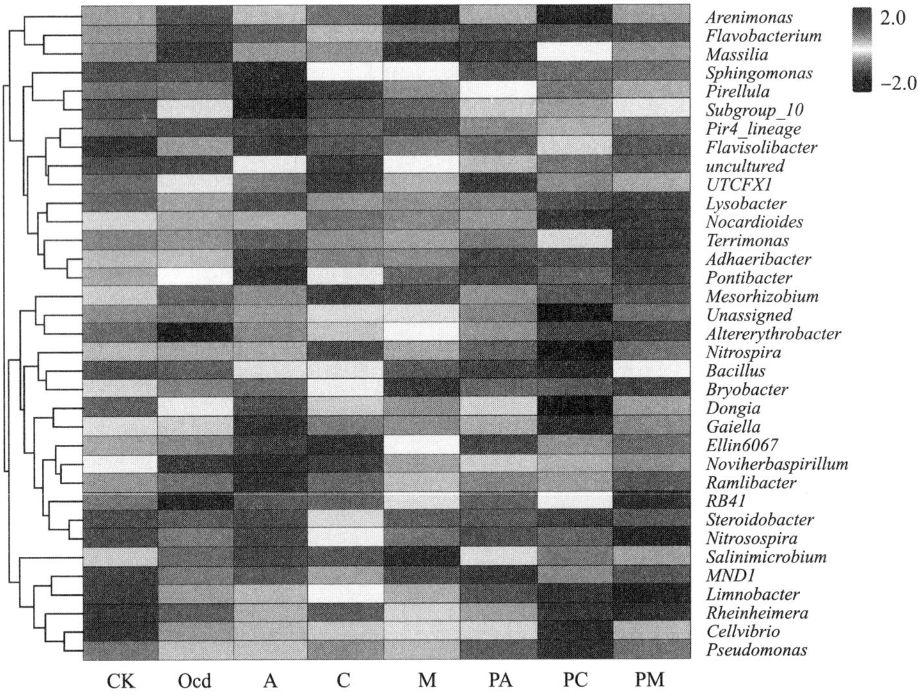

图 5-21　土壤中相对丰度前 35 的属水平细菌 Heatmap 图

了 *RB*41 属、纤维弧菌属和交替赤杆菌属（*Altererythrobacter*）的相对丰度，均降低了黄杆菌属、马赛菌属（*Massilia*）、砂单胞菌属（*Arenimonas*）的相对丰度。

11　细菌群落、ARGs 和环境因子之间的相关性

采用基于欧氏距离的冗余分析研究了土壤基本理化性质（碱解氮、有机质和阳离子交换量）、DPTA Cd、OTC 与 ARGs 丰度和 *intI*1 丰度之间的关系［图 5-22（a）］。环境因素对总方差的贡献率为 92.56%。主要由有机质 OM（52.8%）、碱解氮 AN（19.6%）、阳离子交换量 CEC（11.2%）、DPTA Cd（11.0%）和 OTC（1.3%）解释。在所选环境因子中，土壤有机质对 ARGs 的解释最大（52.8%）。有机质、阳离子交换量与大多数基因呈负相关。除 *tetG* 和 *tetO* 外，其余 ARGs 与 *intl*1 均呈正相关。土壤中 ARGs 的进化受到细菌群落的强烈驱动，本研究采用网络分析［图 5-22（b）］探究了 ARGs 的潜在宿主菌，结果表明，*tetO* 的宿主菌种类最多，*Flavobacterium*（黄杆菌属）含有的基因种类最多，可以携带 6 种基因。

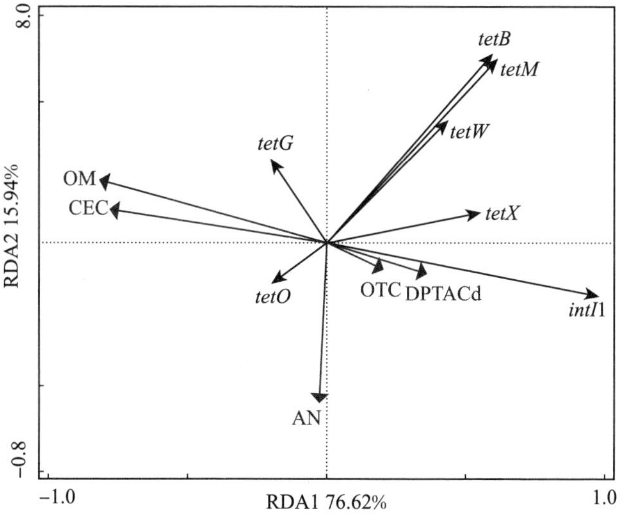

（a）

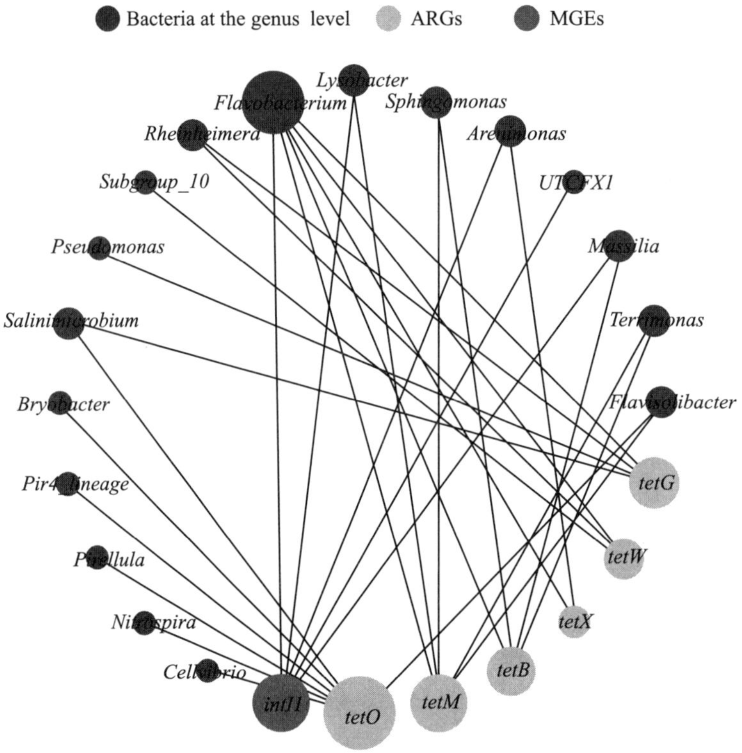

（b）

图 5 - 22　ARGs 与环境因子之间的冗余分析（a），土壤细菌群落、ARGs 和 MGEs 共现网络分析

注：图（b）节点之间的连线代表显著的正相关关系，圈越大表示与该 ARGs 相互作用的微生物越多。

12　讨论

12.1　生物炭对土霉素—镉复合污染胁迫下小白菜生理特性的影响

植物在受到污染物胁迫时，会表现出抗氧化应激作用，活性氧（ROS）含量升高，为了使细胞免受过氧化反应损伤，植物体内会产生一系列抗氧化酶与抗氧化剂来清除 ROS[10]。其中，SOD、CAT 和 POD 是清除 ROS 的关键酶[11]。Cd、OTC会对植物造成一定的影响。本研究发现，在15d和45d，OTC-Cd复合污染会抑制小白菜SOD活性，这可能是因为重金属、抗生素造成植物体内的生物大分子损伤，导致大量活性氧产生，膜脂过氧化程度加深造成细胞损伤，植物细胞SOD酶系统失衡[12]。而在15d和45d，OTC-Cd复合污染会激活小白菜CAT活性，说明小白菜在重金属抗生素胁迫下启动了防御机制，可能通过提高自身抗氧化酶活性来适应OTC、Cd的胁迫。在第15d时，OTC-Cd对POD产生抑制作用，而在45d则对POD产生激活作用，这可能是因为植物通过提高抗氧化酶活性来抵御胁迫所造成的活性氧伤害能力是有限的，并不会随着胁迫的增强而无限度地增大，小白菜生长第15d时土壤中OTC、Cd含量过高，超过了抗氧化酶的清除能力，导致植物细胞POD酶系统失衡。随着时间的推移，OTC发生了自然降解[13]，生物炭也对Cd、OTC有一定的消减作用，因此对植物的胁迫减小，POD酶恢复正常。在小白菜生长第15d，与OCd处理相比，不同生物炭处理均可提高SOD、POD活性，降低CAT活性。45d，与OCd处理相比，A、PA、C、PC处理可提高SOD酶活性，PA、M、PM处理可降低CAT活性，不同生物炭处理均可降低POD活性，说明生物炭能有效促进抗氧化酶系统的平衡。不同生物炭对植物抗氧化酶系统的影响不同，Kamran等[14]在Cd污染土壤中添加了稻草生物炭，结果发现与未经生物炭改良的土壤相比，油菜SOD、CAT和POD活性分别增加了115.94%、122.72%和37.31%，其原因可能是施用生物炭有效清除ROS，从而减少Cd诱导的植物氧化损伤。熊华烨等[15]在OTC污染土壤中添加生物炭，结果发现生物炭在幼苗期、拔节期、成熟期均可降低玉米的CAT、POD活性。

硝酸盐、可溶性糖、维生素C是衡量蔬菜品质的重要指标。本研究发现，在小白菜生长第45d，可溶性糖和维生素C显著低于CK处理，硝酸盐含量显著高于CK处理，说明重金属抗生素对小白菜品质产生了一定影响，这与李盼盼[16]、孙义欣等人[17]的研究结果相似，可能是土壤中的可利用氮素减少造成植株吸收氮素受到抑制，合成的可溶性糖减少[18]。本研究发现，在第45d时，向重金属抗生素复合污染土壤中添加生物炭可提升小白菜可溶性糖、维生素C含量，减少硝酸盐的积累，其中PA处理生物炭的效果最佳。这与许多学者的研究结果一致，刘领等[19]通过盆栽研究了秸秆生物炭和鸡粪对铅胁迫下玉米生长和生理特性的影响，结果发现，生物炭和鸡粪等量复配处理较对照提高可溶性糖含量 48.6%。任晓斌等[20]研究发现，在铬污染土壤中添加生物炭可提高小白菜可溶性糖含量。在污染土壤中添加生物炭可提高小白菜可溶性糖含量，其原因可能是生物炭能够吸附污染物，改善土壤环境，为微生物的生长繁殖提供营养物质和栖息场所，促进污染物胁迫下小白菜的生长，从而提高可溶性糖含量[20]。同时也发现加入生物炭可降低小白菜硝酸盐含量，一方面是因为生物炭可以缓慢吸收土壤中的氮元素从而减少小白菜吸收氮元素的量，减少硝酸盐的含量；另一方面生物炭能够提高硝酸还原酶的活性，从而降低小白菜体内硝酸盐的含量[21]。本研究发现，OTC-Cd 复合污染对小白菜的氮、磷和钾含量影响不大，宋建丽[22]也研究发现，抗生素对玉米不同器官中氮、磷、钾影响不大。与 OCd 处理相比，PM 处理均可提高小白菜的氮和磷含量，可能是因为生物炭可提高植物对土壤中速效磷和氮素的利用度。

12.2 生物炭对土霉素—镉复合污染胁迫下土壤酶活性及化学性质的影响

土壤酶活会影响养分循环和生物有效性，同时也是土壤微生物功能的一个指标，污染物通过改变土壤酶活性影响养分循环、植物生长和作物产量，因此通过土壤酶的变化来评估有毒物质对土壤健康的风险具有重要意义[23]。本研究发现，在 OTC-Cd 复合污染胁迫下，土壤酶活会受到抑制。陈欣瑶等[24]研究发现铜和多西环素单一及复合污染对脲酶活性主要表现为促进作用，对蔗糖酶、过氧化氢酶活性主要表现为抑制作用。其原因可能是重金属会损伤细胞从而使土壤微生物死亡，同时重金属也会与酶巯基反应，或与底物发生螯合反应，进而导致酶活性下降[25]。OTC 等有机污染物可能会改变土壤酶的构象，抑制敏感微生物和植物根系的生长，改变植物根系分泌物的种类，从而对土壤酶活性产生抑制或刺激作用[26,27]。此外，在土壤重金属与抗生素复合污染下，抗生素中的官能团会与金属离子形成络合作用，重金属和抗生素组合暴露的环境效应是由重金属和抗生素的性质决定的，因此不同重金属和抗生素组合污染的环境效应是不同的[28]。本研究发现，第 1d 时，在 OTC-Cd 复合污染土壤中，生物炭对过氧化氢酶活性产生促进作用，而对其他酶活为抑制作用；第 15d 和 45d 时，PM 处理的过氧化氢酶、碱性磷酸酶、脲酶和脱氢酶活性均显著高于 OCd 处理，这可能是由于生物炭可使土壤性质（如营养水平、孔隙度、水分含量、碳供应等）产生变化，从而影响土壤生态系统中的微生物过程[29]。其他生物炭处理在不同时期对土壤酶活性的影响效果不同，王垚[30]、Tu 等[31]也有类似发现。总体而言，苹果枝条和谷子秸秆生物炭处理对 OTC－Cd 复合污染土壤酶活的促进效果优于玉米秸秆。由于多种环境因子对土壤酶都具有一定影响力，酶活性变化较为复杂。生物炭可作为屏障，通过稳定污染物减轻重金属抗生素对植物的毒性，从而促进根系分泌物（如氨基酸化合物、糖、有机酸）的分泌，这些根系分泌物可为微生物提供底物，增加微生物活性，从而间接提高土壤酶活性[32,33]。生物炭的吸附性能增加了其对土壤酶作用的复杂性，一方面生物炭对反应底物的吸附促进了酶促反应进而提高土壤酶活性；另一方面大量生物炭的输入会吸附酶分子，对酶促反应结合位点形成保护，从而抑制酶促反应的进行，降低土壤酶活性[34]。

此外，OTC－Cd 复合污染可显著降低土壤 pH 和阳离子交换量，而对碱解氮、速效磷、速效钾和有机质影响不大，而付艳丽[35]研究发现，SD（磺胺嘧啶）—Cd 复合污染可显著降低土壤 pH，增加土壤有机质，与本研究结果不一致，可能与污染物浓度与类型不同有关。生物炭可显著提高土壤的速效磷、有机质和阳离子交换量，这与李光炫等[36]在 Cd 复合污染土壤中添加海鲜菇和袖珍菇废菌棒生物质炭的研究结果一致。一方面是由于生物炭自身含有丰富的营养元素，可直接提高土壤养分含量，同时生物炭孔隙结构发达可吸附持留养分元素；另一方面，生物炭改善了土壤结构，促进了相关微生物的活性，从而提高了土壤中养分含量[37]。

12.3　生物炭对土壤和小白菜中土霉素、镉的消减作用

本研究发现，在种植小白菜 45d 后，生物炭可显著促进 OTC 在土壤中的降解，土壤中残留量越大，相应处理的植物根系吸收量也越大，小白菜中抗生素含量分布为根部＞地上部。这与迟荪琳等人[38]的研究结果相似。可能是因为土壤中的抗生素通过被动扩散到地下部，抗生素从地下部转运到地上部的能力有限，并不能无限制地从根部转移抗生素到地上部分，所以导致了地下部分的 OTC 积累较多[39]。在自然条件下，OTC 可通过光解、水解

和微生物过程降解[40]，OTC pKa 值低，半衰期短，因此，OTC 稳定性差会导致非生物降解[41]。此外，OTC 作为两性化合物，含有多种极性基团（$-NH_2$，$-OH$），不同的 pH 范围内电性不同（$pKa_1=3.27$，$pKa_2=7.32$，$pKa_3=9.11$），在 pH>7.7（本研究 pH 为 8 左右）土壤中主要以 OTC^- 和 OTC^{2-} 的形式存在[42]，二价阴离子的比例会随着土壤 pH 的增加而升高，改性生物炭土壤中的 OTC 残留量低于原生物炭处理，可能是由于改性生物炭土壤的 pH 低于原生物炭处理，静电斥力作用对生物炭吸附抗生素能力的影响较小。生物炭表面或气孔中富集的微生物可以降解 OTC，以 OTC^- 和 OTC^{2-} 的形式存在的阴离子可以通过表面桥接机制瞬间与 Ca^{2+} 和 Mg^{2+} 结合，更容易被土壤微生物降解[43]；生物炭也可为耐抗光细菌菌株提供一个生态位，随着时间的推移，这有助于抗生素的生物降解和土壤微生物活性的改善[44]。此外，生物炭还可通过改变土壤 pH、CEC 等，为土壤微生物提供有利的生存环境，间接促进抗生素的降解[45]。

DPTA 提取态可表征土壤中 Cd 的生物有效性[46]。本研究发现土壤 DPTA Cd 含量随培养时间的增加而逐渐下降，生物炭的添加可以有效地降低有效态重金属的含量，其原因可能是添加生物炭后，土壤性质发生了变化[47]。土壤中重金属的生物毒性不仅取决于重金属的总量，还取决于重金属的化学形态[48]。为了进一步探讨土壤中 Cd 稳定性增加的原因，对土壤中 Cd 的形态进行了研究。本研究发现，铁锰氧化态和碳酸盐结合态在整个培养过程中趋于平稳，可交换态和有机态 Cd 随时间变化呈下降趋势，残渣态随时间变化呈上升趋势。可交换态的减少和残渣态 Cd 的增加可能是生物炭固定土壤中 Cd 的原因。Uchimiya 等人[49]的研究同样表明，生物炭会促进金属可交换态 Cd 向残渣态转化。生物炭的添加可以有效地降低有效态重金属的含量，其原因可能是，生物炭在热解过程中形成的碳酸钠和磷酸盐等无机矿物会与 Cd 结合形成 $Cd_3(PO_4)_2$ 和 $CdCO_3$[50]，而 H_3PO_4 改性生物炭携带更多的 PO_4^{3-}，为此，H_3PO_4 改性生物炭处理的有效态 Cd 含量低于原生物炭处理。同时土壤 pH、CEC 是控制重金属的形态的重要因素之一[51]，生物炭可增加土壤 pH，使土壤表面胶体所带负电荷量增加，使土壤胶体 Zeta 电位向负值方向位移，进而增加重金属离子的静电吸附，从而间接限制土壤表层 Cd 的有效性[52,53]。但过高的 pH 会导致生物炭中可溶性羟基络合物的形成，降低生物炭对重金属的稳定效率，pH 对生物炭吸附重金属的影响还有待进一步研究[54]。土壤阳离子交换量的增加有利于重金属与碱金属离子（Na、K、Ca 和 Mg）之间的阳离子交换[55]。H_3PO_4 改性生物炭的效果优于原生物炭，可能是因为土壤中有效磷的增加促进了高 pH 土壤中 $Cd_3(PO_4)_2$ 和 $CdCO_3$ 沉淀的形成[56]。本研究中，H_3PO_4 改性后，生物炭的比表面积显著增加，并在其表面引入了更多的含氧官能团和含磷官能团，从而降低了有效态 Cd 含量。生物炭具有较高的 pH、比表面积和阳离子交换量，Cd^{2+} 可以通过离子交换、络合和共沉淀与生物炭发生相互作用，从而降低 Cd 的溶解度和可浸出性[57]。降低可食用植物部位的 Cd 浓度可能是安全食品生产的关键因素[58]。本研究发现，生物炭显著降低了植物各部位的 Cd，其原因可能是土壤中的生物炭增加了植物的矿物质营养状况，由于植物在吸收过程中必需元素（如 Zn 和 Mn）与 Cd 之间的竞争，因此植物体内 Cd 浓度降低[59]。生物炭降低了土壤可提取态 Cd 的含量，这也可能使小白菜地上部、根部 Cd 含量降低[60]。

土壤中重金属与抗生素之间的相互作用可能影响其生物利用度，从而改变其对生物体的毒理学效应。然而土壤环境中重金属与抗生素之间的相互作用机制尚不清楚，因此 OTC 可能影响生物炭对 Cd 的固定，同时 Cd 可能影响生物炭对 OTC 的降解。未来需要更多的研究来阐明进一步的机理。

12.4　生物炭对土壤和小白菜中 ARGs 的消减作用

核糖体保护、酶失活和外排泵是大多数细菌产生四环素抗性的三个主要机制[61]。*intI*1 作为绝大多数 ARGs 的载体具有捕获和整合外源基因的作用，并可将这些基因大幅转化为功能性基因表达单元，从而增加 ARGs 的水平转移[41,62]。携带 ARGs 的土壤细菌可能是植物中 ARGs 的主要来源。土壤细菌可以作为内生菌在植物体内繁殖，随着植物的生长，一些土壤细菌可以通过植物组织气孔迁移，被根系吸收，到达叶片；植物微生物可能是 ARGs 传播的载体，土壤中的 ARGs 可能通过根际微生物群转移，最终到达叶片[63]。本研究发现，生物炭对可移动遗传原件 *intI*1、*tetM*、*tetB* 和 *tetX* 有一定的消减效果，其原因可能是生物炭可以增强固碳能力，提高土壤质量和养分有效性，提高土壤团聚体稳定性和持水能力，减少有机和无机污染物，改变细菌群落结构[64]；同时生物炭可以吸附污染物，降低污染物的生物利用度，从而减少土壤中 ARGs 的发生[65]。然而生物炭增加了 *tetO* 的相对丰度，其原因可能是生物炭释放的重金属对土壤微生物的选择性压力促进了生物炭中多环芳烃诱导的 I 类整合子介导的共轭转移[66]，生物炭内细菌生物膜使微生物空间接近，也会加速 ARGs 基因的水平转移[65]。然而，需要进行更多的研究验证这些潜在的机制。*tetM*、*tetW*、*tetB* 和 *tetX* 与 *intl*1 呈正相关，说明 *intI*1 可介导 *tetM*、*tetW*、*tetB* 和 *tet*X 在环境中的水平转移。有研究表明，ARGs 与抗生素之间存在一定的相关性，本研究发现 OTC 残留量对 ARGs 的解释率很低，这可能是因为抗生素的选择压力是短暂的[45]，相比之下，重金属很难降解甚至不降解，因此会在环境中产生长期选择压力。有机质对 ARGs 的解释率最高，可能是因为土壤中的有机质有利于耐药细菌的生长，增加土壤细菌丰度，并可减少土壤中 *intI*1 的丰度，从而抑制 ARGs 在土壤中的传播。这与李森的研究结论相似[67]。

12.5 生物炭对土霉素—镉复合污染胁迫下土壤微生物群落的影响

生物炭可改变土壤养分水平、孔隙度、含水量和碳供应等，增加某些细菌的数量[29]。本研究发现生物炭增加了 OTC - Cd 复合污染土壤中特有 OTU 数，可能是因为生物炭能为微生物新陈代谢提供有利条件，降低重金属、抗生素对土壤微生物的毒害作用。群落中变形菌门、酸杆菌门、拟杆菌门、绿弯菌门、放线菌门的丰度较大，可能是因为其对污染土壤有较好的适应性，它们可以通过一些特殊机制降低污染物的毒性。而梅闯等[68]研究报道，生物炭作用后可增加 Cd 污染土壤中绿弯菌门、酸杆菌门的相对丰度。总体来看，生物炭可提高变形菌门、浮霉菌门、芽单胞菌门和厚壁菌门的相对丰度，这些菌门丰度的升高可能会促进抗生素的降解及重金属的稳定。变形菌门属于一个多样性的细菌群，在土壤 C 和 N 循环中很重要，并与几种 C 和 N 循环酶活性呈正相关。变形菌门细菌编码的多个重金属氧化酶基因与其具有重金属耐性有关，并且参与重金属的钝化，变形菌门对抗生素也具有较强的降解作用[69,70]；拟杆菌门能够参与抗生素等大分子有机化合物的降解[71]；浮霉菌门可降解有机污染物[72]；芽单胞菌门可参与反硝化作用，驱动氮循环，为氧化提供电子受体并稳定重金属[73]；厚壁菌门可以在重金属胁迫下形成内生孢子并产生抗性分化结构，以此提高对重金属的抵抗作用[73]。

13　结论

（1）OTC - Cd 复合污染胁迫可破坏小白菜抗氧化防御系统，降低小白菜可溶性糖、维生素 C 含量，提高硝酸盐含量，而施用生物炭可提高可溶性糖、维生素 C 含量，降低硝酸盐含量；OTC - Cd 复合污染对小白菜的氮、磷、钾含量影响不大。

（2）在 OTC - Cd 复合污染胁迫下，土壤酶活性、pH 和阳离子交换量降低，添加生物炭可提高土壤酶活性及速效磷、有机质和阳离子交换量。总体来看，改性谷子秸秆生物炭（PM）的酶活性和养分增幅效果最显著。

（3）OTC - Cd 复合污染可提高土壤及小白菜组织中 *intI*1 及 ARGs 相对丰度，生物炭的添加可显著降低土壤中有效态 Cd 含量，使可交换态 Cd 向有机态和残渣态 Cd 转变，并降低土壤及小白菜组织中 Cd、OTC 含量及 ARGs 的相对丰度。变形菌门、酸杆菌门、拟杆菌门、绿弯菌门、放线菌门、浮霉菌门、芽单胞菌门是土壤中的优势菌门，生物炭可提高变形菌门、浮霉菌门、芽单胞菌门和厚壁菌门的相对丰度。

（4）谷子秸秆生物炭对土壤的修复效果优于玉米秸秆和苹果枝条生物炭。

参考文献

[1] Chen T，Luo L，Deng S，et al. Sorption of tetracycline on H_3PO_4 modified biochar derived from rice straw and swine manure [J]. Bioresour. Technol.，2018 (267)：431 - 437.

[2] 高俊凤 . 植物生理学实验指导 [M]. 北京：高等教育出版社，2006.

[3] 鲍士旦 . 土壤农化分析 [M]. 北京：农业出版社，2000.

[4] Li Z，Luo Y，Teng Y. Soil and Environmental Microbiology Methodology [M]. Beijing：Chinese Sci Technol Press，2008.

[5] Qin J，Xiong H，Ma H，et al. Effects of different fertilizers on residues of oxytetracycline

and microbial activity in soil [J]. Environ. Sci. Pollut. Res. Int., 2019, 26 (1): 161-170.

[6] Lindsay W L, Norvell W A. Development of a DTPA Soil Test for Zinc, Iron, Manganese, and Copper [J]. Soil Sci. Soc. Am. J., 1978 (42): 421-428.

[7] Tessier A, Campbell PGC, Bisson M. Sequential extraction procedure for the speciation of particulate trace metals [J]. Anal. Chem., 1979, 51 (7): 844-851.

[8] Pu C, Liu H, Ding G, et al. Impact of direct application of biogas slurry and residue in fields: In situ analysis of antibiotic resistance genes from pig manure to fields [J]. J. Hazard. Mater., 2018 (344): 441-449.

[9] Yang X, Zhang S, Li H, et al. Effects of voltage on sulfadiazine degradation and the response of sul genes and microbial communities in biofilm-electrode reactors [J]. Ecotoxicol. Environ. Saf., 2018 (151): 272-278.

[10] 武超，周顺江，王华利，等．生物炭和锌对土壤镉赋存形态及小麦镉积累的影响 [J]. 环境科学研究，2022，35 (1)：202-210.

[11] Jia W, Wang C, Ma C, et al. Mineral elements uptake and physiological response of Amaranthus mangostanus (L.) as affected by biochar [J]. Ecotoxicol. Environ. Saf., 2019 (175): 58-65.

[12] 甘娜．NO_3^- 对 Hg 胁迫下桐花树幼苗的生理生态影响 [D]. 厦门：厦门大学，2018.

[13] 王卫中，迟荪琳，徐卫红．四环素类抗生素对土壤—生菜系统的生物效应及其迁移降解特性 [J]. 环境科学，2021，42 (3)：1545-1558.

[14] Kamran M, Malik Z, Parveen A, et al. Biochar alleviates Cd phytotoxicity by minimizing bioavailability and oxidative stress in pak choi (Brassica chinensis L.) cultivated in Cd-polluted soil [J]. J. Environ. Manage., 2019 (250): 109500.

[15] 熊华烨，秦俊梅，马浩天．含土霉素土壤添加不同基质后对玉米生理特性的影响 [J]. 水土保持学报，2018，32 (2)：283-289.

[16] 李盼盼，宋雯，谷洁，等．含四环素沼肥对蔬菜品质及抗性基因的影响 [J]. 环境科学研究，2016，29 (6)：907-915.

[17] 孙依欣．含镉和环丙沙星有机肥对生菜中抗性基因及微生物群落的影响 [D]. 杨凌：西北农林科技大学，2017.

[18] 刘吉强，诸葛玉平，崔丽娜．外源四环素对土壤酶活性和油菜品质的影响 [J]. 应用生态学报，2009，20 (4)：943-948.

[19] 刘领，悦飞雪，李继伟，等．秸秆生物炭和鸡粪对铅胁迫下玉米生长和生理特性的影响 [J]. 水土保持学报，2018，32 (4)：262-267.

[20] 任晓斌，白红娟，卫燕红，等．光合细菌和生物炭对污染土壤中铬的稳定化效果及小

白菜生长的影响 [J]. 农业环境科学学报，2021，40 (10)：2141 - 2149.

[21] 高春柏. 废弃蜜柚制备生物炭及对铊污染土壤中小白菜品质的影响 [D]. 厦门：集美大学.

[22] 宋建丽. 不同基质对四环素污染土壤理化性质及四环素向玉米体系迁移的影响 [D]. 太原：山西农业大学，2020.

[23] Yang R, Wang J, Zhu L, et al. Effects of interaction between enrofloxacin and copper on soil enzyme activity and evaluation of comprehensive toxicity [J]. Chemosphere, 2021 (268): 129208.

[24] 陈欣瑶，肖祖飞，祝妍华，等. 铜和强力霉素复合污染对土壤微生物与酶活性的影响 [J]. 土壤学报，2021，58 (4)：957 - 967.

[25] Tang J, Zhang L, Ren L, et al. Physicochemical features, metal availability and enzyme activity in heavy metal - polluted soil remediated by biochar and compost [J]. Sci. Total Environ., 2019 (701): 134751.

[26] Yang S, Liu X, Xu X, et al. Effects of Insect - Resistant Maize 2A - 7 Expressing mCry1Ab and mCry2Ab on the Soil Ecosystem [J]. Plants (Basel), 2022, 11 (17): 2218.

[27] Santás - Miguel V, Díaz - Raviña M, Martín A, et al. Soil Enzymatic Activities and Microbial Community Structure in Soils Polluted with Tetracycline Antibiotics [J], Agron., 2021, 11 (5): 1 - 11.

[28] Yang R, Xia X, Wang J, et al. Dose and time - dependent response of single and combined artificial contamination of sulfamethazine and copper on soil enzymatic activities [J]. Chemosphere, 2020 (250): 126161.

[29] Pandey B, Suthar S, Chand N. Effect of biochar amendment on metal mobility, phytotoxicity, soil enzymes, and metal - uptakes by wheat (Triticum aestivum) in contaminated soils [J]. Chemosphere, 2022 (307): 135889.

[30] 王垚，胡洋，马友华，等. 生物炭对镉污染土壤有效态镉及土壤酶活性的影响 [J]. 土壤通报，2020，51 (4)：979 - 985.

[31] Tu C, Wei J, Guan F, et al. Biochar and bacteria inoculated biochar enhanced Cd and Cu immobilization and enzymatic activity in a polluted soil [J]. Environ. Int., 2020 (137): 105576.

[32] Keshiknevisrazavi S, Fotovat A, Khorassani R, et al. Effects of methanol - activated biochar on tetracycline concentration and soil microbial activities in the presence of copper [J]. Int. J. Environ. Sci. Technol. 2022, 19 (11): 11103 - 11116.

[33] Wei T, Li X, Li H, et al. The potential effectiveness of mixed bacteria - loaded biochar/

activated carbon to remediate Cd, Pb co - contaminated soil and improve the performance of pakchoi plants [J]. J. Hazard. Mater., 2022 (435): 129006.

[34] Liang J, Tang S, Gong J, et al. Responses of enzymatic activity and microbial communities to biochar/compost amendment in sulfamethoxazole polluted wetland soil [J]. J. Hazard. Mater., 2020 (385): 121533.

[35] 付艳丽. 重金属胁迫下抗生素和腐殖酸对抗生素抗性基因影响机制研究 [D]. 济南: 齐鲁工业大学, 2022.

[36] 李光炫, 石岸, 张黎明, 等. 不同粒径生物质炭对土壤重金属钝化及细菌群落的影响 [J]. 生态环境学报, 2022, 31 (3): 583 - 592.

[37] 孙涛, 孙约兵, 贾宏涛, 等. 虾壳生物炭对 Cd - As 复合污染土壤修复效应及土壤可溶性有机碳含量的影响 [J]. 农业环境科学学报, 2021, 40 (8): 1675 - 1685, 1606.

[38] 迟荪琳, 王卫中, 徐卫红, 等. 四环素类抗生素对不同蔬菜生长的影响及其富集转运特征 [J]. 环境科学, 2018, 39 (2): 935 - 943.

[39] Hawker DW, Cropp R, Boonsaner M. Uptake of zwitterionic antibiotics by rice (Oryza sativa L.) in contaminated soil [J]. J. Hazard. Mater., 2013 (263): 458 - 466.

[40] Duan M, Li H, Gu J, et al. Effects of biochar on reducing the abundance of oxytetracycline, antibiotic resistance genes, and human pathogenic bacteria in soil and lettuce [J]. Environ. Pollut., 2017 (224): 787 - 795.

[41] Zhang X, Gong Z, Allinson G, et al. Joint effects of bacterium and biochar in remediation of antibiotic - heavy metal contaminated soil and responses of resistance gene and microbial community [J]. Chemosphere, 2022 (299): 134333.

[42] Lin H, Qiu S, Wu Z, et al. Fabrication of lignin - basedbiochar containing multi - metal ferrite and efficient removal for oxytetracycline hydrochloride [J]. J. Cleaner Prod., 2022 (331): 129885.

[43] Yue Y, Shen C, Ge Y. Biochar accelerates the removal of tetracyclines and their intermediates by altering soil properties [J]. J. Hazard. Mater., 2019 (380): 120821.

[44] Keshiknevisrazavi S, Fotovat A, Khorassani R, et al. Effects of methanol - activated biochar on tetracycline concentration and soil microbial activities in the presence of copper [J]. Int. J. Environ. Sci. Technol., 2022, 19 (11): 11103 - 11116.

[45] Liang Y, Meng P, Wang D, et al. Improvement of Soil EcosystemMultifunctionality by Dissipating Manure - Induced Antibiotics and Resistance Genes [J]. Environ. Sci. Technol. 2017, 51 (9): 4988 - 4998.

[46] Rai PK, Lee SS, Zhang M, et al. Heavy metals in food crops: Health risks, fate, mechanisms, and management [J]. Environ. Int., 2019 (125): 365 - 385.

[47] Hamid Y，Tang L，Hussain B，et al. Efficiency of lime，biochar，Fe containing biochar and composite amendments for Cd and Pb immobilization in a co - contaminated alluvial soil [J]. Environ. Pollut.，2020 (257)：113609.

[48] Sungur A，Soylak M，Yilmaz E，et al. Characterization of Heavy Metal Fractions in Agricultural Soils by Sequential Extraction Procedure：The Relationship Between Soil Properties and Heavy Metal Fractions [J]. Soil Sediment Contam.：Int. J.，2015，24 (1)：1 - 15.

[49] Uchimiya M，Lima I M，Thomas Klasson K，et al. Immobilization of heavy metal ions (CuII，CdII，NiII，and PbII) by broiler litter - derived biochars in water and soil [J]. J. Agric. Food Chem.，2010，58 (9)：5538 - 5544.

[50] Zong Y，Chen H，Malik Z，et al. Comparative study on the potential risk of contaminated - rice straw，its derivedbiochar and phosphorus modified biochar as an amendment and their implication for environment [J]. Environ. Pollut.，2022 (293)：118515.

[51] Sun L，Gong P，Sun Y，et al. Modified chicken manure biochar enhanced the adsorption for Cd^{2+} in aqueous and immobilization of Cd in contaminated agricultural soil [J]. Sci. Total Environ.，2022 (851)：158252.

[52] Shaheen SM，Rinklebe J. Impact of emerging and low cost alternative amendments on the (im) mobilization and phytoavailability of Cd and Pb in a contaminated floodplain soil [J]. Ecol. Eng.，2015 (74)：319 - 326.

[53] 黄连喜，魏岚，刘晓文，等．生物炭对土壤—植物体系中铅镉迁移累积的影响 [J]. 农业环境科学学报，2020，39 (10)：2205 - 2216.

[54] Wang M，Zhu Y，Cheng L，et al. Review on utilization of biochar for metal - contaminated soil and sediment remediation [J]. J. Environ. Sci.，2018 (63)：156 - 173.

[55] Ahmad M，Ok YS，Rajapaksha A U，et al. Lead and copper immobilization in a shooting range soil using soybean stover - and pine needle - derived biochars：Chemical，microbial and spectroscopic assessments [J]. J. Hazard. Mater. 2016 (301)：179 - 186.

[56] Li J，Zhang S，Ding X. Biochar combined with phosphate fertilizer application reduces soil cadmium availability and cadmium uptake of maize in Cd - contaminated soils [J]. Environ. Sci. Pollut. Res.，2022，29 (17)：25925 - 25938.

[57] Mehmood K，Chávez Garcia E，Schirrmann M，et al. Biochar research activities and their relation to development and environmental quality. A meta - analysis [J]. Agron. Sustainable Dev.，2017，37 (3)：22.

[58] Rizwan M，Ali S，Qayyum MF，et al. Mechanisms of biochar - mediated alleviation of toxicity of trace elements in plants：a critical review [J]. Environ. Sci. Pollut. Res.，

2016，23（3）：2230 - 2248.

[59] Abbas T，Rizwan M，Ali S，et al. Biochar application increased the growth and yield and reduced cadmium in drought stressed wheat grown in an aged contaminated soil [J]. Ecotoxicol. Environ. Saf.，2018（148）：825 - 833.

[60] Yin D，Wang X，Chen C，et al. Varying effect of biochar on Cd，Pb and As mobility in a multi - metal contaminated paddy soil [J]. Chemosphere，2016（152）：196 - 206.

[61] Wang J，Sui B，Shen Y，et al. Effects of different biochars on antibiotic resistance genes during swine manure thermophilic composting [J]. Int. J. Agric. Biol. Eng.，2018（11）：166 - 171.

[62] Li Y，Wang X，Li J，et al. Effects of struvite - humic acid loadedbiochar/bentonite composite amendment on Zn（II）and antibiotic resistance genes in manure - soil [J]. Chem. Eng. J.，2019（375）：122013.

[63] Wang L，Yan X，Zhu L，et al. Spread and driving factors of antibiotic resistance genes in soil - plant system in long - term manured greenhouse under lead（Pb）stress [J]. Sci. Total Environ.，2023（855）：158756.

[64] Shao B，Liu Z，Tang L，et al. The effects of biochar on antibiotic resistance genes（ARGs）removal during different environmental governance processes：A review [J]. J. Hazard. Mater.，2022（435）：129067.

[65] Qiu L，Wu J，Qian Y，et al. Impact of biochar - induced vertical mobilization of dissolved organic matter，sulfamethazine and antibiotic resistance genes variation in a soil - plant system [J]. J. Hazard. Mater.，2021（417）：126022.

[66] Zheng H，Feng N，Yang T，et al. Individual and combined applications of biochar and pyroligneous acid mitigate dissemination of antibiotic resistance genes in agricultural soil [J]. Sci. Total Environ.，2021，20（796）：148962.

[67] 李森. 东北黑土农田抗生素抗性基因污染及调控研究 [D]. 北京：中国科学院大学（中国科学院东北地理与农业生态研究所），2021.

[68] 梅闯，蔡昆争，黎紫珊，等. 稻秆生物炭对稻田土壤 Cd 形态转化和微生物群落的影响 [J]. 生态环境学报，2022，31（2）：380 - 390.

[69] Zeng P，Guo Z，Xiao X，et al. Effects of tree - herb co - planting on the bacterial community composition and the relationship between specific microorganisms and enzymatic activities in metal（loid）- contaminated soil [J]. Chemosphere，2019（220）：237 - 248.

[70] 张宇，吴春发，张锦路，等. 不同淋洗剂淋洗对镉污染农田土壤微生物群落结构的影响 [J]. 环境科学学报，2022，42（6）：398 - 404.

[71] 李峰．微生物燃料电池型人工湿地同步去除污水中氮和抗生素的效果及机理研究［D］．济南：济南大学，2022.

[72] 李一迎．鄂东区块煤层气采出水生物处理菌群多样性分析及优选［D］．北京：中国石油大学（北京），2020.

[73] 朱鑫维．改良剂与植物耦合对汞铊矿废弃物的生态修复效应研究［D］．贵阳：贵州大学，2022.

第6章　生物炭对四环素和铜复合污染土壤、生菜生长及其污染物累积的影响

1　研究内容

采用盆栽试验，探究生物炭及改性生物炭对四环素和铜复合污染土壤酶活性、四环素、铜和四环素类抗性基因含量的影响；同时分析生物炭及改性生物炭对生菜生物量、品质、抗逆性及生菜中四环素、铜和抗性基因含量的影响。

2　技术路线

技术路线见图6-1。

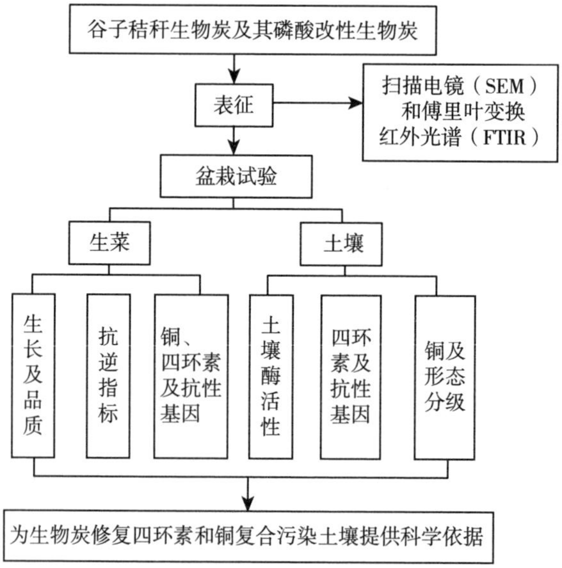

图6-1　技术路线图

3　材料与方法

3.1　试验材料

供试土壤：采自山西省晋中市太谷区石象村农田耕层土壤（0～20cm），土壤为石灰性褐土，土样风干后过 1mm 筛网。土壤基本理化性质见表 6－1。

表 6－1　供试土壤基本理化性质

pH	有机质/（$g \cdot kg^{-1}$）	全氮/（$g \cdot kg^{-1}$）	碱解氮/（$mg \cdot kg^{-1}$）	速效磷/（$mg \cdot kg^{-1}$）	速效钾/（$mg \cdot kg^{-1}$）	四环素/（$mg \cdot kg^{-1}$）	铜/（$mg \cdot kg^{-1}$）
7.78	24.69	1.47	63.83	19.24	193.87	0.20	11.19

供试生物炭材料：生物炭原料为谷子秸秆，在 600℃厌氧条件下恒温热解 3h 制备而成，记为 M。其全氮含量为 $9.88g \cdot kg^{-1}$，全磷含量为 $3.85g \cdot kg^{-1}$，全钾含量为 $47.54g \cdot kg^{-1}$，供试生物炭中未检测出四环素和铜含量。在 25℃下，将生物炭和 14%的 H_3PO_4 溶液以 1∶2 的比例浸泡 24h 后，使用蒸馏水洗涤，直到上清液的 pH 接近中性。然后，将上清液弃去，并将生物炭放入 105℃的烘箱中进行干燥，从而制得其改性生物炭，记为 PM。

供试生菜：供试生菜种子购自河北省沧州市青县良达盛农技术推广中心，品种名称为“全年耐抽薹生菜”。

3.2　试验设计

盆栽试验于 2021 年 12 月 7 日在山西农业大学资源环境学院温室大棚（37° 25′ 24.23″，112° 34′ 33.66″）进行。每盆土壤用量为 3kg，盆栽采用底部内径 20.1cm，高 14cm 的塑料盆。以生菜为供试作物，将污染物［$Cu(NO_3)_2 \cdot 3H_2O$ 和盐酸四环素］均匀喷洒于供试土壤，将其混匀后老化 30d，其中四环素添加量为 $50mg \cdot kg^{-1}$，铜添加量为 $400mg \cdot kg^{-1}$，生物炭用量为 $15g \cdot kg^{-1}$。试验设置 4 个处理，每个处理重复 3 次，随机排列。分别为：不添加外源污染物（CK）、添加外源污染物（TCu）、添加外源污染物和谷子秸秆生物炭（M）、添加外源污染物和改性谷子秸秆生物炭（PM）。

生长期间按土壤重量的百分比定量浇水，人工防治虫害，不喷施农药。分别在 1d、15d 和 45d 对土壤样品进行取样，分别在 15d 和 45d 取生菜幼苗期和成熟期植株样品。

4 试验测定项目与方法

4.1 生物炭表征

利用扫描电子显微镜（SEM）观察材料表观形貌。使用傅里叶变换红外光谱（FTIR），测定生物炭红外光谱，获得生物炭功能性基团变化情况。运用全自动比表面积分析测试仪（BET）获取生物炭的表面积、平均孔径和总孔径数据。

4.2 生菜生理指标测定

通过碘量滴定法测定过氧化氢酶含量；通过硫代巴比妥酸法测定丙二醛含量；用酸性茚三酮法测定脯氨酸含量；用 80%丙酮研磨法测定叶绿素含量；通过考马斯亮蓝 G－250 染色法测定可溶性蛋白含量；用水杨酸-硫酸比色法测定硝态氮含量[1]。

4.3 土壤酶活性指标测定

土壤脲酶活性采用苯酚钠次氯酸钠比色法测定；蔗糖酶采用 3，5－二硝基水杨酸比色法测定；碱性磷酸酶的活性采用磷酸苯二钠比色法测定；过氧化氢酶的活性采用高锰酸钾滴定法测定[2]。

4.4 四环素和铜含量及抗性基因的提取与测定

四环素含量提取与测定：将土壤和植物样品分别置于 50mL 离心管中，加入 10mL 提取液（Na_2EDTA－Mllvaine∶甲醇＝1∶1）。通过涡旋混匀 1min，并进行 20min 超声处理。然后以 3500 $r \cdot min^{-1}$ 离心 10min，并重复此步骤 3 次，将上清液合并。将合并的上清液进行两次正乙烷洗涤，每次使用 10mL 正乙烷，洗涤后进行离心，去除正乙烷。将洗涤后的上清液在 40℃下旋转蒸发至体积约为 12mL，进行固相萃取。首先，使用 6mL 甲醇和

6mL 超纯水依次活化固相萃取小柱。活化后，以 1mL·min^{-1}的流速通过小柱进行提取液的处理。使用 5mL 5%甲醇淋洗小柱，再用 5mL 超纯水冲洗小柱。随后，用真空抽干法将小柱中的溶液抽滤 10min。最后，使用 5mL 甲醇溶液对小柱进行洗脱，收集洗脱液。将固相萃取得到的洗脱液使用氮吹仪浓缩至 1mL 左右，用甲醇定容至 1mL。将溶液通过 0.22μm 有机滤头过滤后，使用高效液相色谱法（HPLC）进行测定[3]。以原始土壤生长的生菜进行质量控制，其回收率为 97.6%～99.2%。

四环素类抗生素抗性基因测定：本研究选择了 6 种四环素类抗性基因（*tetM*、*tetO*、*tetW*、*tetX*、*tetB* 和 *tetG*）和 1 种可移动遗传原件 MGEs（*intI*1）对土壤和植物样品进行测定，采用 Step OnePlus 实时荧光定量 PCR 进行 Q-PCR 检测[4]。

铜含量提取与测定：将植物和土壤样品用硝酸、盐酸和氢氟酸消煮结束后用原子吸收分光光度法测定[5]，原始土壤生长的生菜进行质量控制，回收率为 96.4%～100.6%。

铜形态分级提取与测定：采用 Tessier 五步提取法测定土壤中铜的形态分级[6]。

5　数据处理

运用 Excel 2016 进行数据处理；通过 Origin 2022 制作数据图；运用 DPS 软件进行单因素方差分析，并利用 LSD 多重比较进行差异性显著分析（$P<0.05$）。

6　生物炭的表征分析

6.1　生物炭的 SEM 表征分析

M 和 PM 的微观样貌如图 6-2 所示。与 M 相比，PM 的表面沟壑更加明显和粗糙，具有不均匀且凸起的样貌，表明材料具有较多的表面吸附位点。图 6-3 为生物炭的 N_2 吸附-脱附曲线以及孔径分布谱图，可以看出，M 呈现的为 I 型等温线，表明体系以微孔为主，PM 呈现 IV 型滞回环的结构，表明体系以介孔为主。图 6－3（b）可以看出，PM 的平均孔径大于 M，这些较大孔径的存在为生物炭吸附四环素和铜创造了条件[7]。表 6－2 为具体数据，包括比表面积、平均孔径和总孔隙体积。与 M 相比，PM 比表面积增加到 $59.64m^2 \cdot g^{-1}$，平均孔径增加到 6.28nm，总孔隙体积增加到 $0.0638cm^3 \cdot g^{-1}$。这是因为磷酸改性后去除了生物炭表面的杂质，使一些细小微孔结构被疏通，增大了生物炭的比表面积并提供更多吸附位点，同时在生物炭表面引入更多的酸性官能团（如羧基、酚羟基等），通过离子交换和络合作用来提高生物炭的吸附能力[8]。

图 6－2　生物炭的 SEM 图

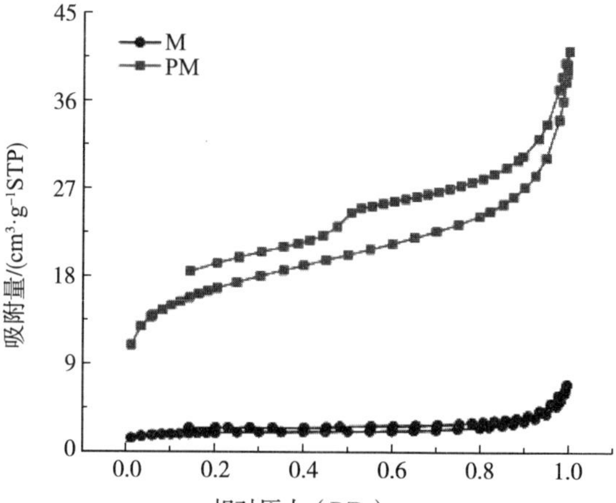

a）生物炭的N_2吸附—脱附曲线

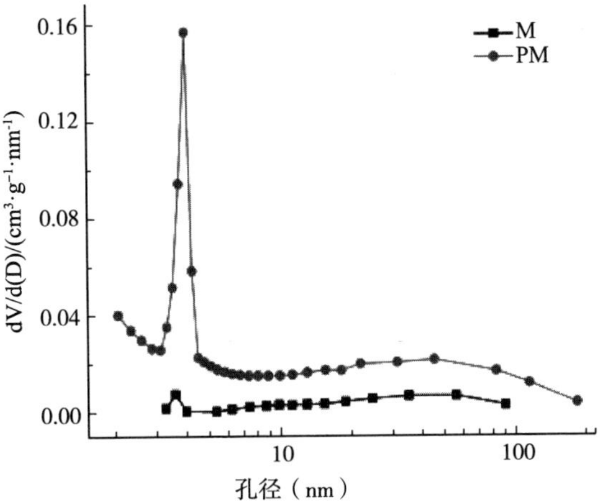

b）生物炭的孔径分布

图 6-3　生物炭的 N_2 吸附-脱附曲线以及孔径分布谱图

表 6-2　生物炭的孔隙结构参数

生物炭	比表面积/（$m^2 \cdot g^{-1}$）	平均孔径/ nm	总孔隙体积/（$cm^3 \cdot g^{-1}$）
M	6.96	6.15	0.0107
PM	59.64	6.28	0.0638

6.2　生物炭的 FTIR 表征分析

傅里叶红外光谱（图 6-4）显示了改性前后生物炭的表面官能团变化。在 3445.2cm^{-1}处的吸收峰代表羟基-OH 官能团的伸缩振动[9]，且在改性后峰移动到了 3447.6cm^{-1}。1592.6cm^{-1}处的吸收峰与生物炭芳环中的 C=C 弯曲振动相关[10~12]，在改性后峰移动到了 1590.2cm^{-1}。在 1419.1cm^{-1}处的吸收峰代表 C-C 的弯曲振动[13]，在改性后峰移动到了 1384.9cm^{-1}。在 1064.7cm^{-1}处的吸收峰是 C-O-C 吡喃环骨架振动[14,15]，在改性后峰移动到了 1067.2cm^{-1}。在 871.6cm^{-1}和 778.8cm^{-1}处的吸收峰为酯族上 C-H 的面外弯曲振动[16]。在 575.9cm^{-1}处的吸收峰为 Si-O-Si 的振动吸收[17]。秸秆生物炭含有羟基、羧基、羰基、酯基、醛基等含氧官能团。因此生物炭中主要存在羟基等极性基团，同时具有芳香型结构。由此推测生物炭对四环素和铜的吸附是由于极性基团的作用产生的离子交换，同时具有芳香型结构的生物炭、四环素和铜可形成 π－π 共轭结构，存在 π－π 相互作用的吸附[18]。PM 在 1300～3000cm^{-1}范围内出现的吸收峰并有向低波移动的趋势，表明改性生物炭的芳香性逐渐增强[19]。

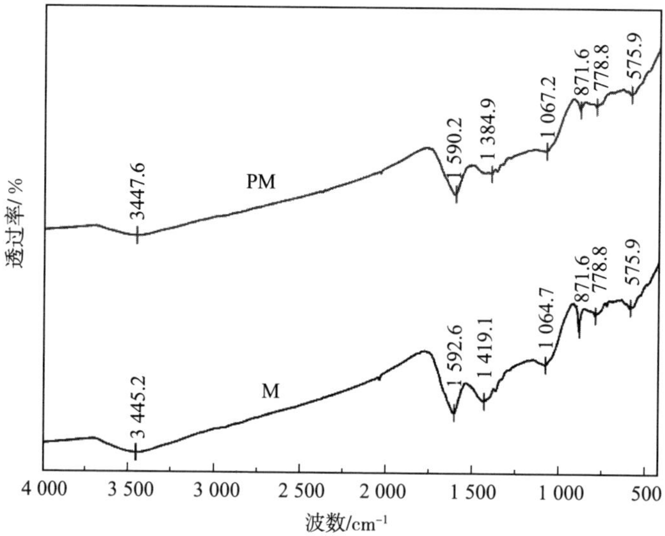

图 6－4　生物炭的傅里叶红外光谱图

7　不同处理对土壤酶活性的影响

由图 6－5（a）可以看出，在各个时期 TCu 处理土壤脲酶活性均显著低于 CK 处理，降幅依次为 22.87％、52.77％和 42.83％，说明四环素和铜复合污染下，土壤脲酶活性会显著降低。与 TCu 处理相比，添加生物炭处理后，土壤脲酶活性在 15d 和 45d 均升高，1d 时土壤脲酶活性差异不显著，M 和 PM 处理的脲酶活性降幅分别为 13.55％和 3.34％；15d 时 M 和 PM 增幅分别为 19.00％和 16.88％；45d 时 M 和 PM 增幅分别为 10.90％和 12.52％，且 PM 处理的脲酶活性增幅比 M 处理大。由此说明，谷子秸秆生物炭能够缓解四环素与铜的毒害作用，使得土壤脲酶活性增加。

由图 6－5（b）可以看出，各个时期 TCu 处理土壤的过氧化氢酶活性均显著低于 CK 处理，降幅依次为 1.97%、2.47%和 7.29%，说明四环素和铜复合污染抑制了土壤过氧化氢酶活性。相比 TCu 处理，添加生物炭处理后，土壤过氧化氢酶活性在 15d 和 45d 均升高，1d 时土壤过氧化氢酶活性差异不显著，M 和 PM 处理的过氧化氢酶活性降幅分别为 1.59%和 1.09%；15d 时 M 和 PM 增幅分别为 10.39%和 6.74%；45d 时 M 和 PM 增幅分别为 0.19%和 1.80%，且 PM 处理的过氧化氢酶活性增幅比 M 处理大。由此说明，谷子秸秆生物炭能够缓解四环素与铜的毒害作用，使得过氧化氢酶活性增加。

由图 6－5（c）可以看出，各个时期 TCu 处理的土壤蔗糖酶活性均显著低于 CK 处理，降幅依次为 74.42%、73.87%和 67.57%，说明四环素和铜复合污染抑制了土壤蔗糖酶活性。相比 TCu 处理，添加生物炭处理后，土壤蔗糖酶活性在 1d、15d 和 45d 均升高，1d 时 M 和 PM 处理的蔗糖酶活性增幅分别为 28.61%和 170.10%；15d 时蔗糖酶活性增加，M 和 PM 增幅分别为 47.63%和 159.47%；45d 时 M 和 PM 增幅分别为 74.19%和 173.77%。各时期 PM 处理的蔗糖酶活性增幅均显著大于 M 处理。由此说明，谷子秸秆生物炭能够缓解四环素与铜的毒害作用，使得蔗糖酶活性增加。

由图 6－5（d）可以看出，各个时期 TCu 处理土壤的碱性磷酸酶活性均显著低于 CK 处理，降幅依次为 73.47%、74.24%和 87.91%，说明四环素和铜复合污染抑制了土壤碱性磷酸酶活性。相比 TCu 处理，添加生物炭处理后，土壤碱性磷酸酶活性在 1d、15d 和 45d 均升高，1d 时 M 和 PM 处理的碱性磷酸酶活性增幅分别为 141.91%和 188.57%；15d 时碱性磷酸酶活性增加，M 和 PM 增幅分别为 142.02%和 150.38%；45d 时 M 和 PM 增幅分别为 313.20%和 536.91%。各时期 PM 处理的碱性磷酸酶活性增幅均显著大于 M 处理。由此说明，谷子秸秆生物炭能够缓解四环素与铜的毒害作用，使得碱性磷酸酶活性增加。

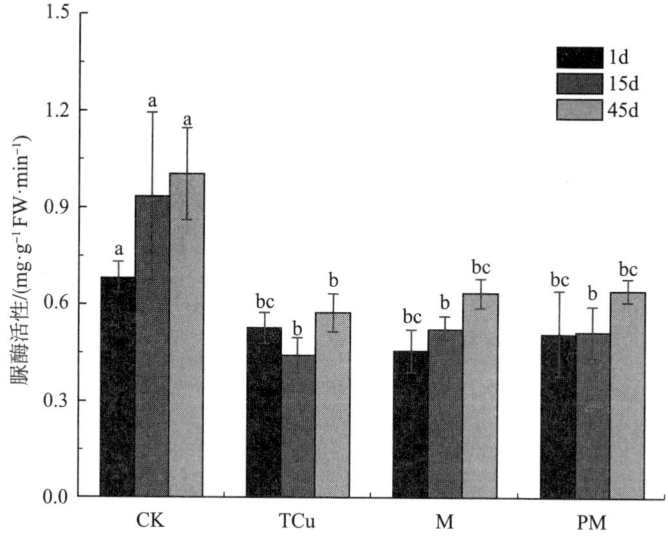

（a）不同处理对土壤脲酶活性的影响

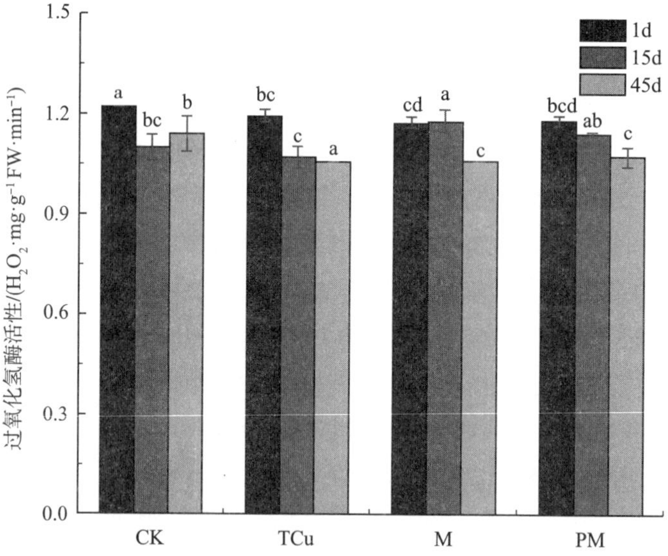

（b）不同处理对土壤过氧化氢酶活性的影响

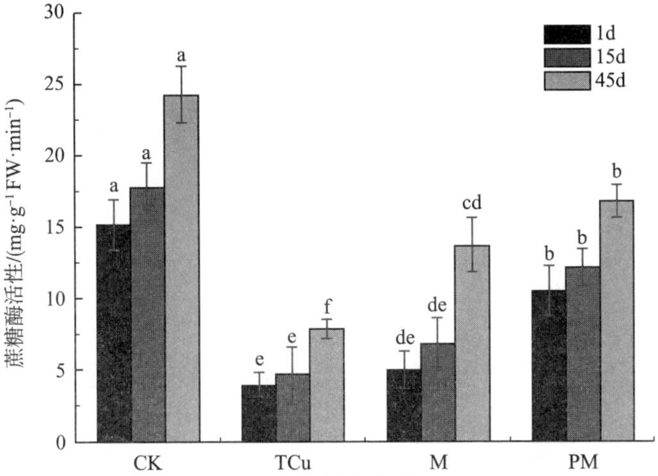

（c）不同处理对土壤蔗糖酶活性的影响

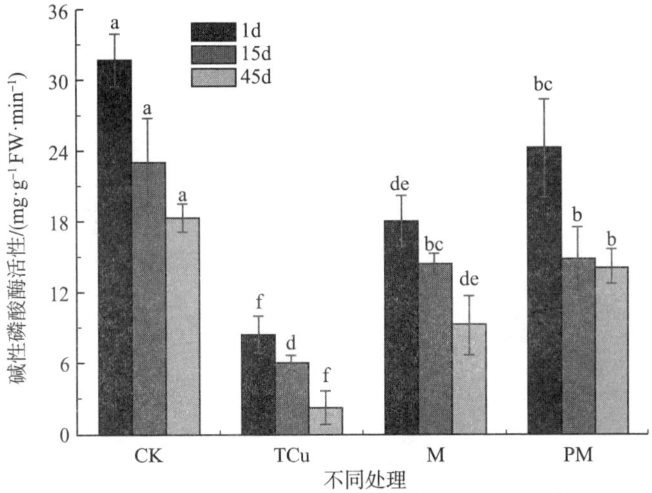

（d）不同处理对土壤碱性磷酸酶活性的影响

图 6-5　不同处理对土壤酶活性的影响

不同的小写字母表示不同处理间在 5%水平差异显著，下同。

8 不同处理对土壤四环素和铜含量的影响

8.1 不同处理对土壤四环素及抗性基因含量的影响

由图 6-6 (a) 可以看出，四环素和铜复合污染下，土壤四环素含量显著升高，在 1d、15d 和 45d 增幅分别为 2253.34%、1900.11% 和 1942.75%。相比 TCu 处理，添加生物炭处理后，土壤四环素含量在 1d、15d 和 45d 均显著降低，1d 时 M 和 PM 处理的土壤四环素含量降幅分别为 30.34%和 52.37%；15d 时 M 和 PM 处理的土壤四环素含量降幅分别为 41.03%和 52.80%；45d 时 M 和 PM 处理的土壤四环素含量降幅分别为 68.88%和 74.84%。由此说明，谷子秸秆生物炭能够缓解四环素与铜的毒害作用，使得土壤四环素含量降低，且改性生物炭作用更为明显。图 6-6 (b) 可以看出，污染土壤添加生物炭后，四环素类抗生素抗性基因含量显著下降，且改性生物炭对降低土壤抗性基因含量的效果优于原生物炭；还可以看出，土壤添加四环素和铜污染物后，*int*1 相对丰度增大，加入生物炭后，*int*1 相对丰度降低，并且 PM 处理与 CK 处理的抗性基因相对丰度最相似。

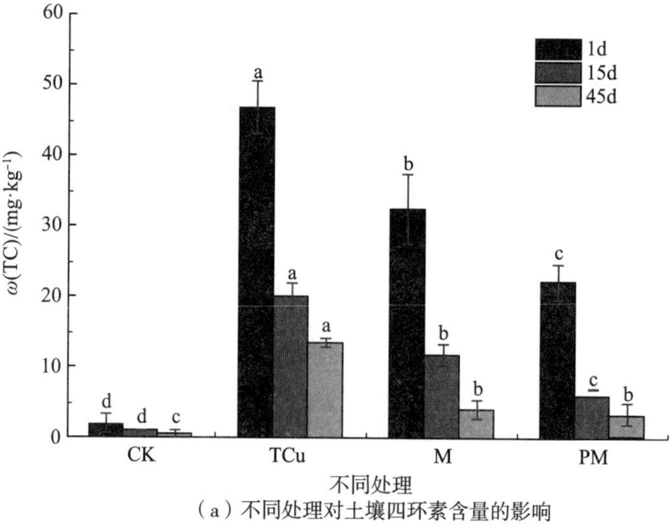

(a) 不同处理对土壤四环素含量的影响

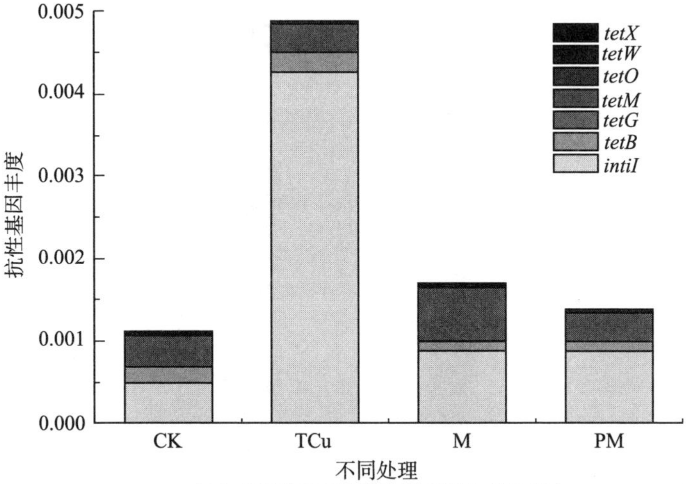

（b）不同处理对土壤抗性基因含量的影响

图 6－6 不同处理对土壤四环素含量、ARGs 和 MGEs 的影响

8.2 不同处理对土壤铜含量及形态分级的影响

由图 6－7（a）可以看出，四环素和铜复合污染下，土壤铜含量显著升高在 1d、15d 和 45d 时增幅分别为 1083.42%、1039.82%和 997.94%。与 TCu 处理相比，添加生物炭处理后，土壤铜含量在 1d、15d 和 45d 时均降低，1d 时 M 和 PM 处理的土壤铜含量降幅分别为 18.54%和 25.38%；15d 时 M 和 PM 处理的土壤铜含量降幅分别为 21.84%和 32.63%；45d 时 M 和 PM 处理的土壤铜含量降幅分别为 15.74%和 38.11%。由此说明，谷子秸秆生物炭能够缓解四环素与铜的毒害作用，使得土壤铜含量降低，且改性生物炭作用更为明显。重金属交换态与碳酸盐态在土壤中容易发生迁移。从图 6－7（b）可以看出，四环素和铜复合污染下，重金属铜的交换态与碳酸盐态质量比增加，残渣态质量比降低，导致土壤中重金属铜含量增加，添加生物炭后，使重金属铜从碳酸盐结合态向铁锰氧化态转化，从而降低铜离子在土壤中的迁移；生物炭还能释放部分阴离子（如 CO_3^{2-} 和 PO_4^{3-}）与土壤阳离子形成固相，减少铜离子可交换态，且 PM 处理效果优于 M 处理。

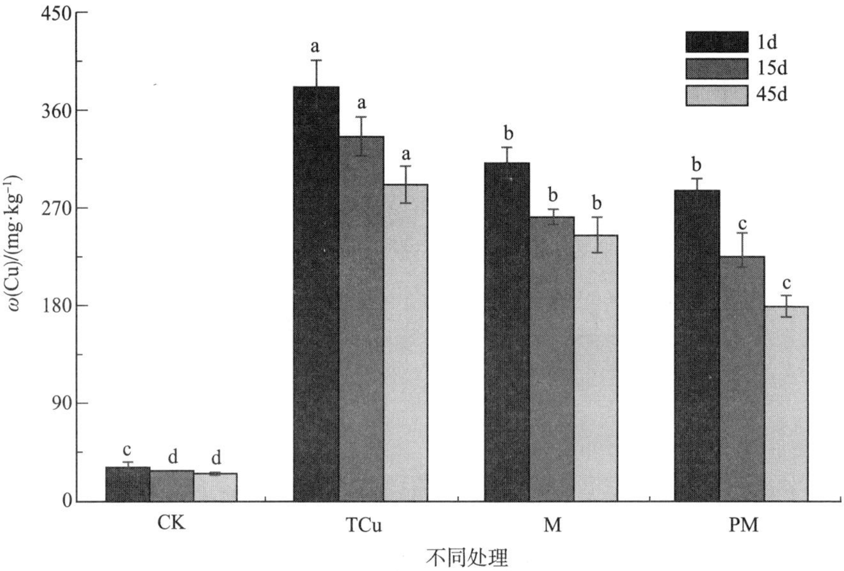

（a）不同处理对土壤铜含量的影响

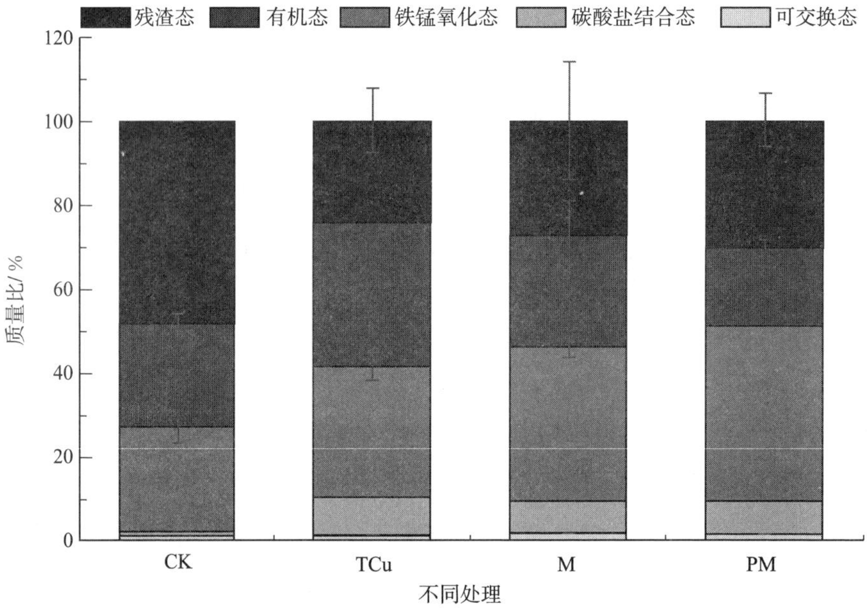

（b）不同处理对土壤铜形态分级的影响

图 6－7　不同处理对土壤铜含量及形态分级的影响

9　不同处理对生菜生物量及品质的影响

表 6-3 可知，与 CK 相比，添加四环素和铜复合污染物后显著影响了生菜的生长。与 TCu 相比，添加生物炭后，生菜株高、根长、株鲜重和根鲜重均显著增加（$P<0.05$）。可以看出，PM 处理的生菜根长、株鲜重和根鲜重均最大，增幅分别为 80.71%、236.13%和 338.17%。总体趋势，改性生物炭对提高生菜株高、根长、株鲜重和根鲜重的效果优于原生物炭。

表 6-3　不同处理对生菜生物量的影响

不同处理	株高/cm	根长/cm	株鲜重/g	根鲜重/g
CK	12.40±1.15 a	20.00±3.00 a	31.05±3.30 a	2.08±0.34 a
TCu	9.43±0.93 c	9.33±0.76 d	7.98±1.43 e	0.44±0.17 d
M	10.93±0.55 ab	14.53±0.50 ab	18.29±1.37 bc	1.06±0.11 bc
PM	11.33±0.68 ab	16.87±1.11 a	26.82±3.54 a	1.91±0.72 a

注：数值为平均值±标准偏差，不同的小写字母表示不同处理之间差异显著（$P<0.05$）。下同。

图 6-8（a）表明，添加四环素和铜复合污染物后显著影响了生菜的品质。与 CK 处理相比，TCu 处理的硝态氮含量降低，幼苗期和成熟期的降幅分别为 16.93%和 19.24%；在添加生物炭后，在幼苗期和成熟期，生菜硝态氮含量均显著增加，其中 PM 处理硝态氮含量最大，增幅分别为 123.05%和 102.43%。图 6-8（b）表明，与 CK 处理相比，TCu 处理的叶绿素含量降低，幼苗期和成熟期的降幅分别为 16.93%和 19.24%；在添加生物炭后，在幼苗期和成熟期，生菜叶绿素含量均显著增加，其中 PM 处理叶绿素含量最大，增幅分别为 185.29%和 60.00%。图 6-8（c）表明，与 CK 处理相比，TCu 处理的可溶性蛋白质含量降低，幼苗期和成熟期的降幅分别为 29.14%和 65.12%；在添加生物炭后，在幼苗期和成熟期，生菜可溶性蛋白质含量均显著增加，其中 PM 处理可溶性蛋白质含量最大，增幅分别为 112.90%和 400.00%。可以看出，无论幼苗期还是成熟期，改性生物炭效果显著。由此可见，生物炭添加能够减少四环素和铜复合污染物从土壤向植物迁移，减少污染物对生菜蛋白质合成的抑制及破坏，从而使生菜中硝态氮、叶绿素和可溶性蛋白质含量增加。

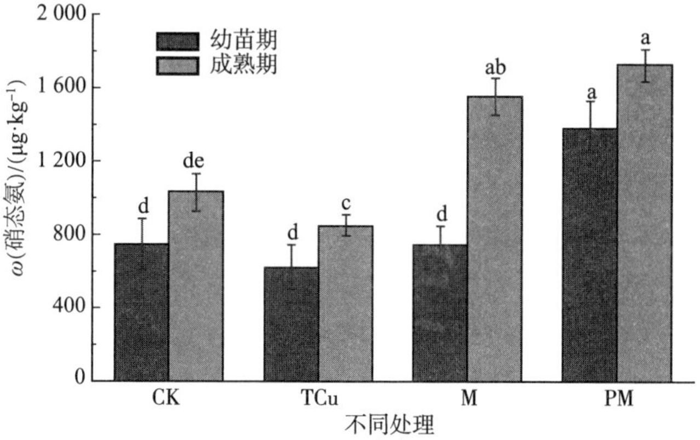

（a）

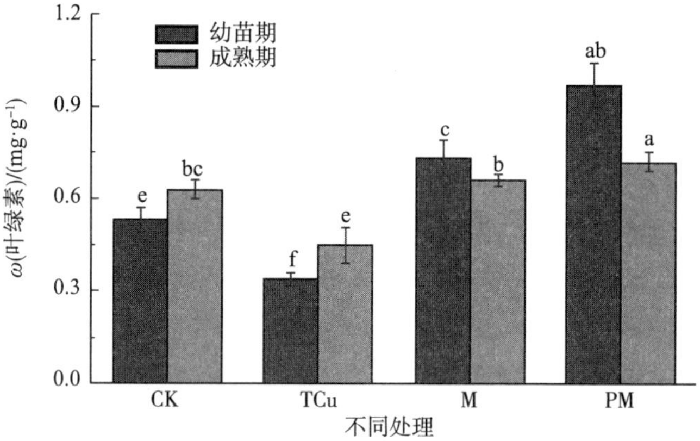

（b）

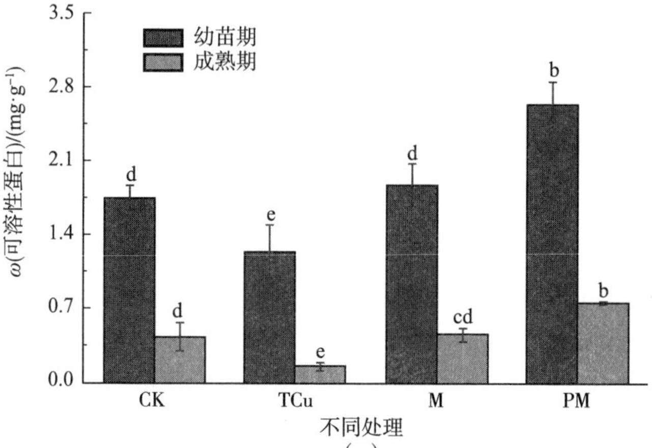

（c）

图 6-8　不同处理生菜硝态氮、叶绿素和可溶性蛋白含量

10　不同处理对生菜抗逆指标的影响

图 6-9（a）表明，同 CK 处理相比，TCu 处理的生菜丙二醛（MDA）含量显著增加，在幼苗期和成熟期增幅分别为 35.85%和 91.57%。在添加生物炭后，在幼苗期和成熟期，生菜 MDA 含量均显著降低，其中 PM 处理 MDA 含量最低，降幅分别为 19.44%和 32.08%。图 6-9（b）表明，与 CK 处理相比，TCu 处理的生菜过氧化氢酶活性显著增加，幼苗期和成熟期的增幅分别为 74.36%和 336.37%；在添加生物炭后，在幼苗期和成熟期，生菜过氧化氢酶活性均显著降低，其中 PM 处理过氧化氢酶活性最低，降幅分别为 69.12%和 83.25%。图 6-9（c）表明，与 CK 处理相比，TCu 处理的生菜脯氨酸含量显著增加，幼苗期和成熟期的增幅分别为 1211.11%和 707.14%；在添加生物炭后，在幼苗期和成熟期，生菜脯氨酸含量均显著降低，其中 PM 处理脯氨酸含量最低，降幅分别为 80.08%和 68.14%。可以看出，无论是在幼苗期还是成熟期，改性后的生物炭效果较好。由此说明生物炭添加能够降低生菜中 TC 和 Cu 复合污染物含量，进而降低生菜受逆境胁迫，且改性生物炭的效果最明显。

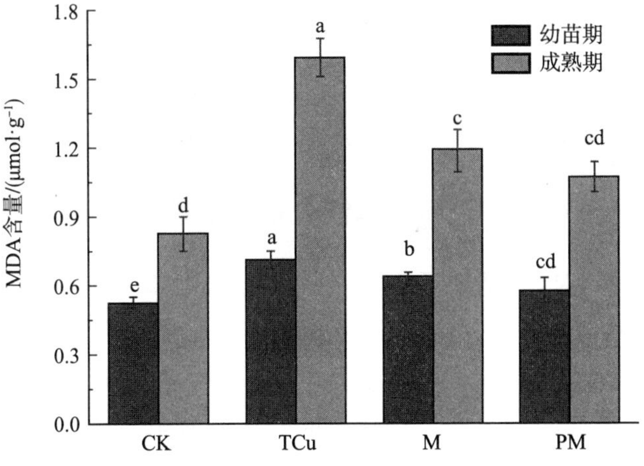

（a）

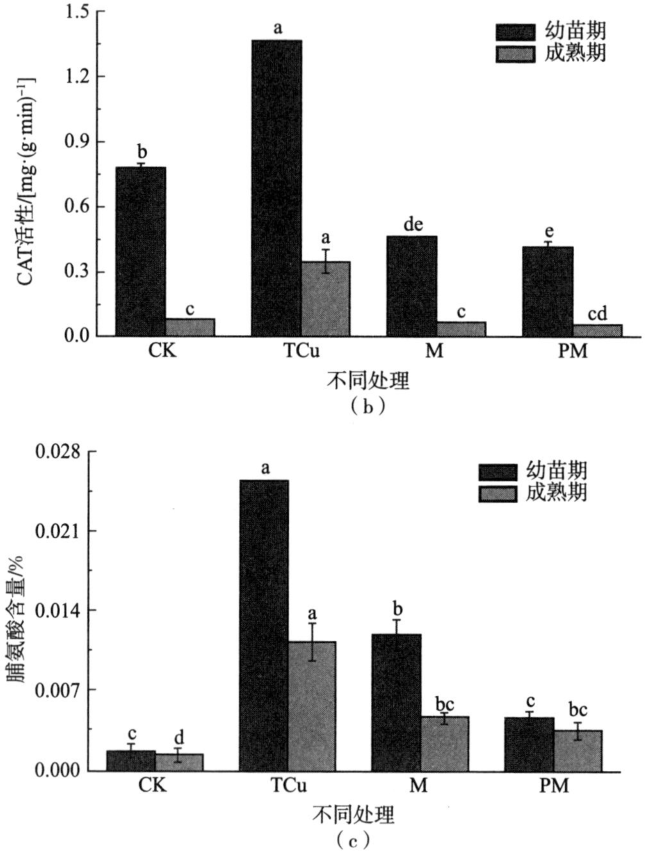

图 6－9　不同处理生菜丙二醛（MDA）、过氧化氢酶（CAT）和脯氨酸含量

11　不同处理对生菜四环素、铜和抗性基因含量的影响

11.1　不同处理对生菜四环素和铜含量的影响

生菜地上部和地下部四环素含量的测定结果如图 6－10（a）所示。总的来说，与 CK 处理相比，添加四环素和铜复合污染物后，生菜地上部和地下部四环素含量显著增加，增幅分别为 1409.95％和 123.13％；生物炭加入后，生菜中的四环素含量均有不同程度的降低。生菜地下部作为与土壤直接接触的植物，其含量高低能够较为有效地反映生物炭在土壤中的作用效果，并且生菜地下部的四环素富集量最高。与 TCu 相比，添加 M 和

PM 后，生菜地下部四环素含量分别降低了 37.13%和 55.64%。此结果表明，生物炭的添加可以有效地钝化四环素在土壤中的生物有效性，能够显著减少生菜地下部对于土壤中四环素的吸收效率，对四环素在生菜体内的转移和富集起到积极的截流作用。对于生菜地上部而言，不与土壤中的四环素直接接触，但值得注意的是，地上部四环素含量的变化趋势能够较好地反映生菜对四环素的吸收转运差异，生菜地上部测定结果显示，与 TCu 相比，添加 M 和 PM 后，生菜地上部四环素含量分别降低了 54.84%和 92.32%。

生菜地上部和地下部铜含量的测定结果如图 6－10（b）所示，与 CK 处理相比，添加四环素和铜复合污染物后，生菜地上部和地下部铜含量显著增加，增幅分别为 88.82%和 193.40%；生物炭加入后，生菜中的铜含量均显著降低，并且生菜地下部的铜含量最高。与 TCu 相比，添加 M 和 PM 后，生菜地下部铜含量分别降低了 22.41%和 35.35%，可以看出添加改性生物炭的铜含量比添加原生物炭的铜含量更低。此结果表明，生物炭的添加可以有效地钝化铜在土壤中的生物有效性，并且改性后的生物炭效果更好。生菜地上部的测定结果显示，与 TCu 相比，添加 M 和 PM 后，生菜地上部铜含量分别降低 18.71%和 20.51%，可以看出添加改性生物炭的铜含量比添加原生物炭的铜含量更低。

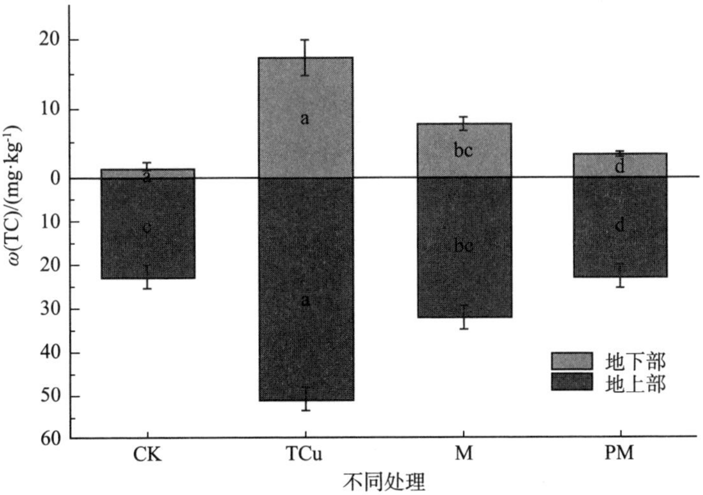

（a）

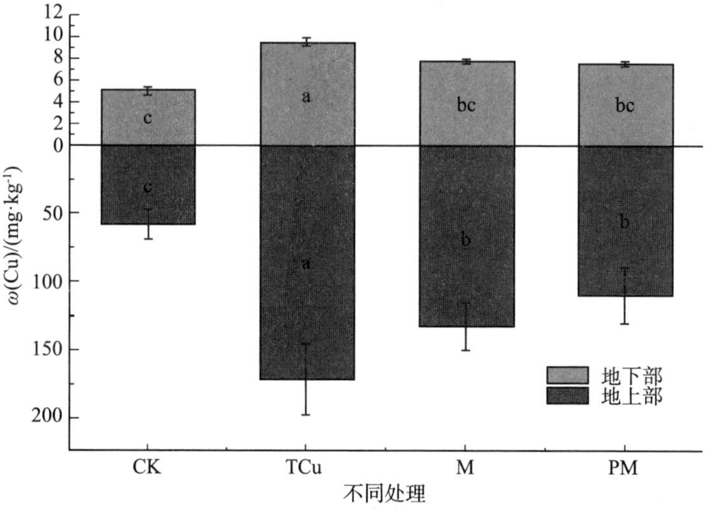

（b）

图 6－10　不同处理对生菜四环素和铜含量的影响

11.2　不同处理对生菜抗性基因含量的影响

图 6－11 是 6 种 ARGs 和 *intI*1 基因在生菜地上部和地下部的丰度。从中可以看出，ARGs 和 *intI*1 基因均被检测出来，而生物炭的添加可有效减少生菜 ARGs 和 *intI*1 基因的丰度。添加生物炭后，生菜地下部 *tetX*、*tetW*、*tetO*、*tetM*、*tetG*、*tetB*、*intI*1 的丰度均降低。与 TCu 相比，M 处理

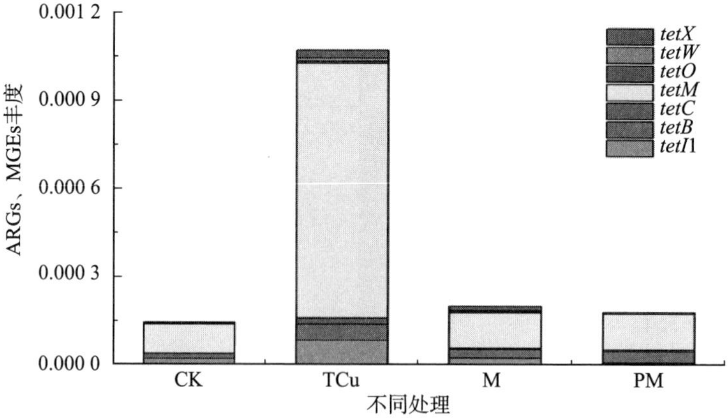

（a）地下部

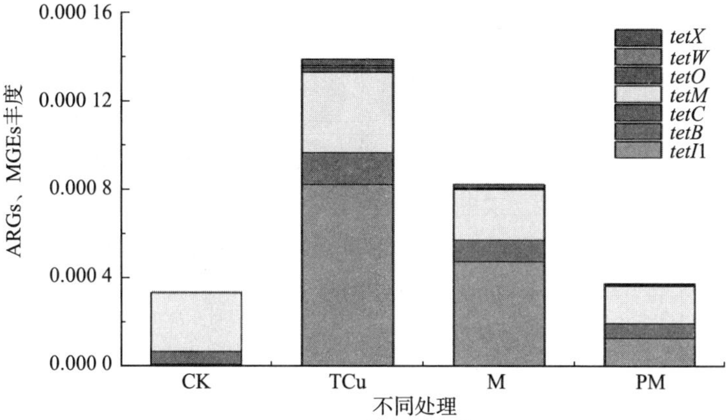

（b）地上部

图 6-11　不同处理的生菜地下部和地上部 ARGs、MGEs 丰度

中的抗性基因丰度降低了 40.62%；PM 处理中的抗性基因丰度降低了 72.86%。在添加原生物炭和改性生物炭后，生菜体内 ARGs 和 *intI*1 基因丰度表现为：改性生物炭处理明显低于原生物炭处理，并且生菜地上部的 ARGs 和 *intI*1 基因丰度含量明显降低。

12　土壤酶活性及生菜生理指标与四环素和铜的相关性

图 6-12（a）为土壤酶活性与四环素、铜含量的相关性分析。可以看出，土壤酶活性与四环素和铜含量呈负相关关系，且与铜含量的负相关性大于四环素，说明土壤酶活性主要受土壤中铜含量的影响。过氧化氢酶、脲酶及蔗糖酶活性与铜含量呈显著负相关（$P<0.05$）。图 6-12（b）为生菜生理指标与四环素和铜含量的相关性分析。可以看出，生菜品质与四环素、铜含量呈负相关关系，生菜抗逆指标与四环素、铜含量呈正相关关系。其中生菜叶绿素含量与地下部四环素含量相关性大，为 0.92；生菜丙二醛含量与地上部和地下部铜含量呈显著正相关（$P<0.05$），生菜脯氨酸含量与地上部地下部四环素含量呈显著正相关（$P<0.05$），这说明四环素含量主要影响生菜脯氨酸含量，铜含量主要影响丙二醛含量。

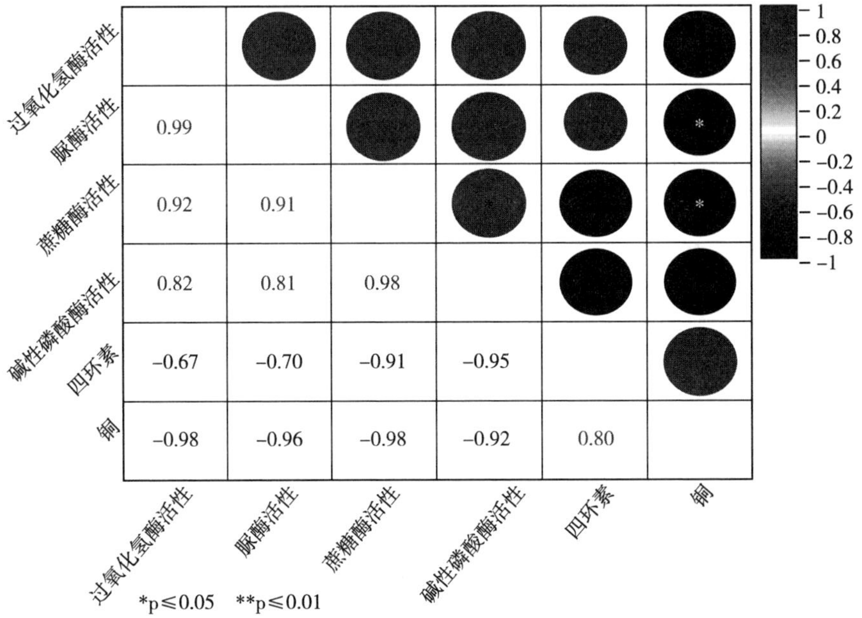

(a) 土壤酶活性与四环素和铜含量的相关性

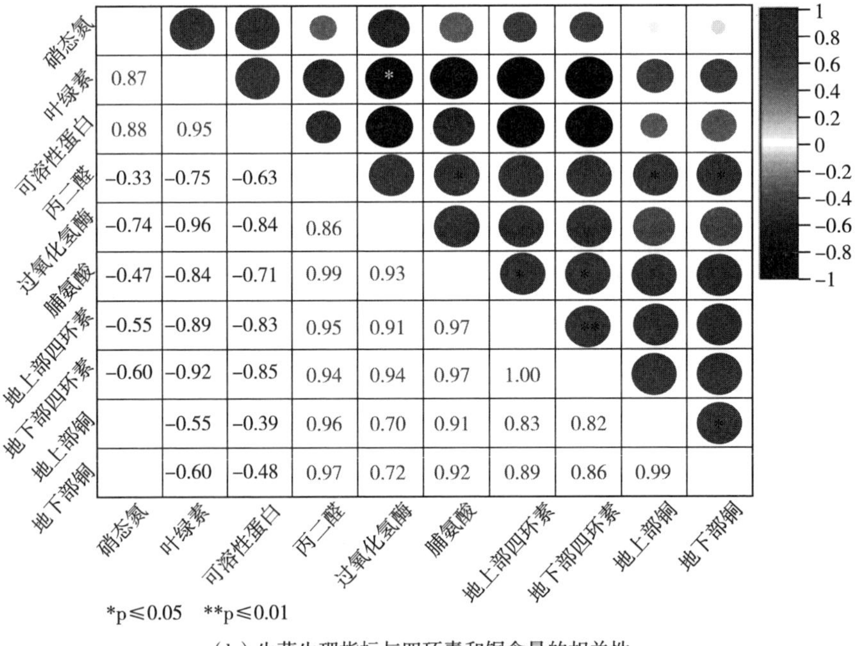

(b) 生菜生理指标与四环素和铜含量的相关性

图 6-12 土壤酶活性及生菜生理指标与四环素和铜的相关性

13　讨论

土壤酶活性是土壤生物学中的一个重要指标，它能反映出土壤的活性水平，是衡量土壤健康状况的重要指标。在四环素与铜复合污染土壤中，生物炭和改性生物炭能够对土壤酶活性具有不同程度的修复作用。邓代莉[20]就利用未受重金属污染的土壤进行外源重金属添加试验，研究了铅污染对土壤酶活性的作用规律。结果表明，当铅浓度为 0～1000mg·kg^{-1}时，对耕地土壤酶活性整体为抑制作用。Sun[21]研究结果表明，与未改良土壤相比，当加入生物炭后会使脲酶和转化酶活性分别提高 58.13%和 16.54%。陈翰博[22]通过试验发现，竹炭和法国梧桐炭的施用可提高土壤中脲酶、蔗糖酶和过氧化氢酶的活性，这与本研究结果相符，但抑制酸性磷酸酶的活性，这可能是因为不同生物炭的化学性质不同。在四环素与铜复合污染土壤中，生物炭能够使四环素含量和铜含量明显降低。高珊[23]研究结果显示，生物炭对 Cd 有效性具有钝化效果。AcostaLuque 等[24]证明，载磷生物炭对土壤 Pb 具有修复作用，且对修复 Pb 污染土壤的潜力进行了评估后发现，在 500℃下制备的负载磷的活性生物炭是修复 Pb 污染土壤的最佳条件。同本试验改性生物炭的修复效果好于原生物炭的结论相同。程扬[25]经试验发现，600℃制备的镁/三椏苦药渣生物炭复合材料（MBC）可促进土壤中四环素去除，且四环素残留量随 MBC 添加量增大而减少。段曼莉[26]通过试验发现，添加苹果树枝生物炭增加了土壤对土霉素的吸附能力，加速了土壤土霉素的生物和非生物降解，降低了土壤、生菜叶和根中土霉素和抗生素抗性基因的累积和转运，证明生物炭可有效降低土壤中土霉素和抗生素抗性基因，是一种良好的土壤修复剂。

植物对抗生素和重金属吸收的影响因素众多，添加生物炭等钝化剂可以改变这些因素，从而影响植物对污染物的吸收，降低其生物有效性，从而利于植物的生长发育[27,28]。本研究结果表明，在四环素和铜复合污染土壤中添加生物炭，提高了生菜株高、根长、株鲜重和根鲜重，并且改善了生菜硝态氮、叶绿素和可溶性蛋白含量，这可能是生物炭改善了土壤的物理、化学和生物性质，从而缓解了四环素和铜复合污染对生菜品质的负面影响。与

TCu相比，加入生物炭后，硝态氮含量明显提升，这可能是生物炭加入土壤，降低生菜对污染物的吸收，从而促进植物从土壤中吸收氮素营养。叶绿素是一类与光合作用有关的色素，其含量高低决定光合作用的强弱[29]。光合作用强，植物的生长代谢旺盛，可溶性蛋白质含量增加，维持植物的正常代谢[30]。本试验研究结果表明，在四环素和铜复合污染土壤中施用生物炭及改性生物炭可不同程度地提高生菜叶绿素和可溶性蛋白质含量。这与蒋欣梅[31]和金睿等[32]的研究结果一致，王晓维等[33]也发现施加生物炭后油菜叶片中的叶绿素含量呈上升趋势，说明生物炭的施用可有效缓解四环素和铜复合污染对生菜的毒害。当四环素和重金属铜进入生菜后，产生大量的活性氧，引发氧化胁迫和膜损伤，并且四环素中的官能团和铜离子与其他物质结合形成络合物，能抑制可溶性蛋白质的合成，而生物炭的施用，激活了生菜对四环素和铜复合污染的应对机制，减轻了生菜的脂质过氧化程度。当生菜所受胁迫降低时，生菜叶片中叶绿素含量和可溶性蛋白质含量增加[34]。当植物面临压力时，许多活性氧自由基会在体内产生。如果不能及时清除反应性氧自由基，将会抑制植物的生长和发育[35]。因此，为保持正常的生长，植物将通过抗氧化酶系统来抵御外部压力。丙二醛（MDA）是衡量氧化胁迫程度的常用指标之一，能反映植物膜脂过氧化的程度。过氧化氢酶（CAT）是催化过氧化氢分解成氧和水的酶，使得氢氧化物不至于与氧在螯合物作用下反应生成非常有害的羟基自由基（·OH）。脯氨酸作为植物细胞质内渗透调节物质，在逆境条件胁迫下，植物体内脯氨酸大量积累。当四环素和铜进入生菜体内后，导致植物受损，MDA和脯氨酸大量累积，CAT活性升高，而添加生物炭后，降低了土壤中四环素和铜复合污染物含量，也使植物体内污染物含量下降，植物所受胁迫降低，因此MDA和脯氨酸含量以及CAT活性有所下降。王晓维等[33]研究发现，施加生物炭使铜胁迫下油菜叶片中的CAT活性呈一定的下降趋势。李继伟等[36]研究结果表明，单施生物炭可以显著提高玉米叶片中CAT活性，刘领等[37]也有类似研究结果。说明施加生物炭可降低植物对污染物的吸收，并增强植物对四环素和铜复合污染胁迫的抵抗能力。

四环素和铜被植物吸收后可以通过食物链进入人体，从而对人体健康产生威胁。本研究显示，四环素和铜复合污染土壤中生菜四环素和铜含量提升，在添加生物炭后，生菜四环素和铜含量有所降低。总的来说，生菜地上部四环素和铜含量低于与土壤直接接触的地下部，这可能是因为生物炭直接将四环素和铜复合污染物固定在土壤中，有效地阻止四环素和铜复合污染物向植物地上部迁移。也有相关研究表明土壤中添加生物炭阻止了污染物向植物体内的迁移[38]。这些都说明生物炭丰富的多孔隙结构给抗生素提供了大量吸附位点，以及生物炭表面存在大量负电荷为阳离子提供了大量吸附位点，一部分抗生素和重金属被生物炭吸附所以使得生菜中的四环素和铜含量下降。抗性基因通过植物组织中的气孔迁移，存在于植物地下部，并在植物生长过程中到达地上部。此外，抗生素在土壤-植物系统中的诱导和突变也促进了 ARGs 的传播[39,40]。添加生物炭能够减少土壤中抗生素的浓度，有效降低蔬菜类植物中的 ARGs，这也与许多研究结果一致[41-42]。*intI*1 通常被认为是移动基因组件的指标[43]，它在土壤-植物系统中非常丰富，可以通过水平基因转移促进 ARGs 的积累和传播。An 等[44]研究发现，生物炭的施用显著降低了叶际 *intI*1 基因的丰度，表明生物炭可有效阻控 *intI*1 基因在叶际中的传播行为，本研究也存在相同结果。本研究中，ARGs 和 *intI*1 基因可通过生菜地下部迁移至可食用的地上部，而生物炭的施加能够显著减少植物 ARGs 和 *intI*1 基因的累积，且改性生物炭比原生物炭具有更强的对植物抗性基因的消减能力。这是因为生物炭经磷酸改性后，其比表面积提高、表面官能团增加，对四环素和铜的吸附与还原能力明显提升[45]，改性生物炭比原生物炭更有效地限制四环素和铜向生菜地上部分转运，降低生菜 ARGs 的丰度[46]。

14　结论

（1）改性生物炭的比表面积、平均孔径和总孔隙体积均比原生物炭大，芳香型结构增强，官能团增多，使改性生物炭通过 $\pi-\pi$ 相互作用、静电相互作用和化学键的形式为吸附提供更多的活性位点，从而提高改性谷子秸秆生物炭对四环素和铜的吸附性能。

（2）生物炭能够缓解四环素与铜对土壤的危害，使土壤脲酶、过氧化氢酶、蔗糖酶和碱性磷酸酶活性增加，随着时间的推移土壤脲酶和蔗糖酶活性逐渐增加，过氧化氢酶和碱性磷酸酶活性逐渐降低。

（3）添加生物炭能够降低土壤四环素、抗性基因和铜的含量，并且使土壤中的可交换铜离子向稳定态转化，从而降低铜在土壤中的迁移。

（4）施用生物炭可以提高四环素和铜复合污染胁迫下生菜生理指标中硝态氮、叶绿素和可溶性蛋白含量，降低丙二醛、脯氨酸含量以及过氧化氢酶活性，在幼苗期和成熟期生物炭对生菜生理指标的影响趋势一致。

（5）添加生物炭可降低生菜四环素和铜的累积，并且降低四环素和铜从生菜地下部向地上部的转移。生物炭的添加可有效减少生菜 ARGs 和 *intI*1 基因的丰度。

（6）添加改性生物炭对以上指标的改善效果优于原生物炭。

（7）土壤酶活性与四环素和铜含量呈负相关，生菜品质与四环素和铜含量呈负相关，抗逆指标与四环素和铜含量呈正相关。且四环素含量主要影响生菜脯氨酸含量，铜含量主要影响丙二醛含量。

参考文献

[1] 李合生．植物生理生化实验原理和技术［M］．北京：高等教育出版社，2000.

[2] 关松荫．土壤酶及其研究法［M］．北京：农业出版社，1986.

[3] 朱健，韦时宏，范菲菲．高效液相色谱法检测黄壤中土霉素残留［J］．东北农业大学学报，2013，44（11）：62-67.

[4] 王丽丽，李安婕，张传国．17α-乙炔雌二醇胁迫下零价铁对硝化污泥中抗性基因的影响［J］．中国环境科学，2024，44（1）：548-554.

[5] 陈凯．蚯蚓对土壤中恩诺沙星的降解和铜生物有效性的影响［D］．沈阳：沈阳农业大学，2021.

[6] Wang J，Wang X J，Li G X，et al. Speciation Analysis Method of Heavy Metals in Organic Fertilizers：A Review［J］．Sustainability，2022，14（24）：16789-16789.

[7] 郑云武，王继大，刘灿等．改性 HZSM-5 催化生物质与塑料热解制备芳烃和生物炭［J］．农业工程学报，2020，36（17）：190-201.

[8] Peng H B，Gao P，Chu G，et al. Enhanced adsorption of Cu（II）and Cd（II）by phosphoric acid-modified biochars［J］．Environ. Pollut.，2017（229）：846-853.

[9] Zhai S M，Li M，Wang D，et al. In situ loading metal oxide particles on bio-chars：reusable materials for efficient removal of methylene blue from wastewater［J］．J. Cleaner

Prod.，2019 (220)：460 - 474.

[10] Li C J，Zhang L，Gao Y，et al. Facile synthesis of nano ZnO/ZnS modified biochar by directly pyrolyzing of zinc contaminated corn stover for Pb (Ⅱ)，Cu (Ⅱ) and Cr (Ⅵ) removals [J]. Waste Manage.，2018 (79)：625 - 637.

[11] Xiao F F，Cheng J H，Cao W，et al. Removal of heavy metals from aqueous solution using chitosan - combined magnetic biochars [J]. J. Colloid Interface Sci.，2019 (540)：579 - 584.

[12] 彭章，龚香宜，熊武芳，等．改性生物炭对萘的吸附效果与机理 [J]. 生态与农村环境学报，2021，37 (8)：1080 - 1091.

[13] Wu J，Zheng H，Zhang F，et al. Iron - carbon composite from carbonization of iron - crosslinked sodium alginate for Cr (Ⅵ) removal [J]. Chem. Eng. J.，2019 (362)：21 - 29.

[14] heng L C，Zhang S P，Cheng W，et al. Theoretical calculations，molecular dynamics simulations and experimental investigation of the adsorption of cadmium (II) on amidoxime - chelating cellulose [J]. J. Mater. Chem. A，2019，7 (22)：13714 - 13726.

[15] Zheng L C，Yang Y B，Meng P P，et al. Absorption of Cadmium (II) via Sulfur - chelating Based Cellulose：Characterization，Isotherm Models and Their Error Analysis [J]. Carbohydr. Polym.，2019 (209)：38 - 50.

[16] Wang P，Tang L，Wei X，et al. Synthesis and application of iron and zinc doped biochar for removal of p - nitrophenol in wastewater and assessment of the influence of co -existed Pb (Ⅱ) [J]. Appl. Surf. Sci.，2017 (392)：391 - 401.

[17] 兰天，张辉，刘源，等．玉米秸秆生物炭对 Pb^{2+}、Cu^{2+} 的吸附特征与机制 [J]. 江苏农业学报，2016，32 (2)：368 - 375.

[18] 简敏菲，高凯芳，余厚平．不同裂解温度对水稻秸秆制备生物炭及其特性的影响 [J]. 环境科学学报，2016，36 (5)：1757 - 1765.

[19] 刘青松，赵丽芳．热解温度对生物炭表面性质及释放氮磷的影响 [J]. 农业资源与环境学报，2016，33 (2)：164 - 169.

[20] 邓代莉．重金属污染对土壤酶活性和微生物群落结构的影响研究 [D]. 成都：成都理工大学，2019.

[21] Sun Jing，Lu Xinrui，Wang Shuang，et al. Biochar Blended with Nitrogen Fertilizer Promotes Maize Yield by Altering Soil Enzyme Activities and Organic Carbon Content in Black Soil [J]. Int. J. Environ. Res. Public Health，2023 (20)：4939.

[22] 陈翰博．生物质炭对 Cd - DEHP 复合污染土壤中污染物生物有效性和作物生长的影响 [D]. 杭州：浙江农林大学，2019.

[23] 高珊．生物炭—海泡石联合钝化修复弱碱性镉污染土壤研究［D］．哈尔滨：东北农业大学，2021.

[24] Acostaluque María Paula，López Julián E，et al. Remediation of Pb - contaminated soil using biochar - based slow - release P fertilizer and biomonitoring employing bioindicators［J］. Sci. Rep.，2023（13）：1657.

[25] 程扬．药渣生物炭制备及其对四环素环境行为的影响研究［D］．广州：华南理工大学，2019.

[26] 段曼莉．生物炭对土壤中抗生素及其抗性基因变化的影响研究［D］．杨凌：西北农林科技大学，2017.

[27] Mohamed B A，Ellis N，Kim C S，et al. The role of tailored biochar in increasing plant growth，and reducing bioavailability，phytotoxicity，and uptake of heavy metals in contaminated soil［J］. Environ. Pollut.，2017（230）：329 - 338.

[28] 刘艳，王聪颖，史志明，等．老化生物炭对小白菜积累重金属的影响［J］．山西农业大学学报（自然科学版），2019，39（3）：58 - 64.

[29] 叶景秀，柳海东，星晓蓉，等．甘蓝型油菜叶绿素含量与产量关系研究及叶绿素主效QTL位点 cqSPDA2 连锁标记开发［J］．中国油料作物学报，2022，44（6）：1173 - 1181.

[30] 杨红霞，陈俊良，刘崴．镉对植物的毒害及植物解毒机制研究进展［J］．江苏农业科学，2019，47（2）：1 - 8.

[31] 蒋欣梅，薛冬冬，于锡宏，等．玉米秸秆生物炭对镉污染土壤中小白菜生长的影响［J］．江苏农业学报，2020，36（4）：1000 - 1006.

[32] 金睿，刘可星，艾绍英，等．生物炭复配调理剂对镉污染土壤性状和小白菜镉吸收及其生理特性的影响［J］．南方农业学报，2016，47（9）：1480 - 1487.

[33] 王晓维，徐健程，孙丹平，等．生物炭对铜胁迫下红壤地油菜苗期叶绿素和保护性酶活性的影响［J］．农业环境科学学报，2016，35（4）：640 - 646.

[34] U. T，N. K. H，C. P. P，et al. Impact of bio - inoculants and bio - formulations on growth and yield of turmeric（Curcuma longa）［J］. Indian J. Agron.，2019，63（3）：398 - 401.

[35] Prabhukarthikeyan S R，Keerthana U，Raguchander T. Antibiotic - producing Pseudomonas fluorescens mediates rhizome rot disease resistance and promotes plant growth in turmeric plants［J］. Microbiol. Res.，2018（210）：65 - 73.

[36] 李继伟，悦飞雪，王艳芳，等．施用生物炭和 AM 真菌对镉胁迫下玉米生长和生理生化指标的影响［J］．草业学报，2018，27（5）：120 - 129.

[37] 刘领，悦飞雪，李继伟，等．秸秆生物炭和鸡粪对铅胁迫下玉米生长和生理特性的影

响 [J]. 水土保持学报，2018，32 (4)：262 - 267.

[38] 吴诗颖，王莉莉，李学德. 鸡粪中 4 种抗生素在青菜中的累积动态及生物炭的阻控作用 [J]. 安徽农业大学学报，2022，49 (2)：286 - 292.

[39] Yan M T, Xu C, Huang Y M, et al. Tetracyclines, sulfonamides and quinolones and their corresponding resistance genes in the Three Gorges Reservoir, China [J]. Sci. Total Environ., 2018 (631 - 632): 840 - 848.

[40] Fan N S, Bai Y H, Chen Q Q, et al. Deciphering the toxic effects of antibiotics on denitrification: Process performance, microbial community and antibiotic resistance genes [J]. J. Environ. Manage., 2020 (262): 110375.

[41] Deka N, Goswami K. Economic sustainability of organic cultivation of Assam tea produced by small - scale growers [J]. Sustainable Prod. Consumption., 2021, 26 (1): 111 - 125.

[42] Jiao W T, Du R J, Ye M, et al. 'Agricultural Waste to Treasure' - Biochar and eggshell to impede soil antibiotics/antibiotic resistant bacteria (genes) from accumulating in Solanum tuberosum L [J]. Environ. Pollut., 2018 (242): 2088 - 2095.

[43] Duan M L, Li H C, Gu J, et al. Effects of biochar on reducing the abundance of oxytetracycline, antibiotic resistance genes, and human pathogenic bacteria in soil and lettuce [J]. Environ. Pollut., 2017 (224): 787 - 795.

[44] An X L, Chen Q L, Zhu D, et al. Distinct effects of struvite and biochar amendment on the class 1 integron antibiotic resistance gene cassettes in phyllosphere and rhizosphere [J]. Sci. Total Environ., 2018 (631 - 632): 668 - 676.

[45] 郝志凯. 改性麦秆生物炭修复铬污染效能研究 [D]. 武汉：中国地质大学，2021.

[46] 李志健. 生物炭-蜡样芽孢杆菌联合施用对土壤和生菜中 Cu 和抗生素抗性基因影响研究 [D]. 西安：西安理工大学，2022.

第 7 章　生物炭配施有机肥对果园土壤的影响

1　研究内容

以果园土壤为研究对象，探究有机肥及生物炭配施（不同投加量）对果园土壤理化性质及污染物四环素、四环类抗性基因及铜消减作用的影响。

2　试验区概况

试验在山西省晋城市陵川县南崖宫种植专业合作社果园进行，地理位置为 35°33′38″N，113°08′17″E。该地区多年平均气温为 8℃，年平均日照时数 2398.2h，日照率为 54%，年平均降水量 607mm。

3　技术路线

技术路线见图 7－1。

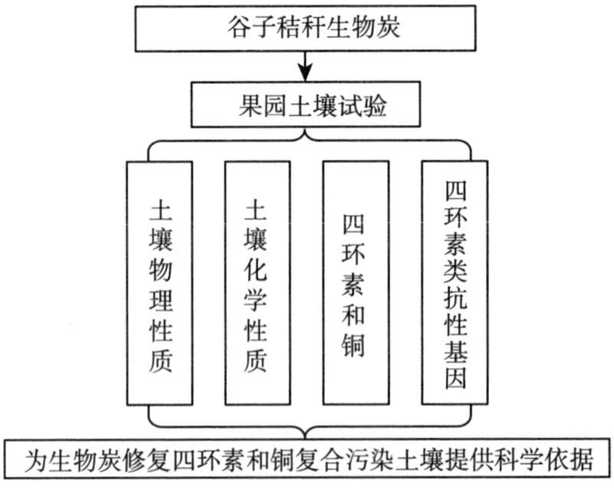

图 7－1　技术路线图

4　材料与方法

4.1　试验材料

供试土壤：陵川县南崖宫种植专业合作社果园土壤，土壤为石灰性褐土，土壤基本理化性质见表7-1。

表7-1　供试土壤基本理化性质

pH	有机质/(g·kg^{-1})	全氮/(g·kg^{-1})	碱解氮/(mg·kg^{-1})	速效磷/(mg·kg^{-1})	速效钾/(mg·kg^{-1})	四环素/(mg·kg^{-1})	铜/(mg·kg^{-1})
8.26	12.09	0.96	64.25	27.6	152.84	—	36.71

供试生物炭材料：生物炭与盆栽试验所用改性谷子秸秆生物炭相同，供试生物炭中未检测出四环素和铜含量。

供试有机肥：为商品猪粪有机肥，其pH为7.69，全氮含量为1.07g·kg^{-1}，碱解氮含量为76.75mg·kg^{-1}，速效磷含量为31.29mg·kg^{-1}，速效钾含量为154.94mg·kg^{-1}，有机质含量为13.58g·kg^{-1}，铜含量为67.88mg·kg^{-1}，四环素含量为0.87mg·kg^{-1}。

4.2　试验设计

试验在果园中选取同年生苹果树，将猪粪有机肥与不同投加量的生物炭配施，试验设置5个处理，分别为CK（对照）、O（单施有机肥）、OB3（有机肥+生物炭3kg）、OB6（有机肥+生物炭6kg）和OB9（有机肥+生物炭9kg）。试验于2022年10月进行，试验周期为1年，对土壤样品进行采集，测定土壤物理性质（土壤含水量及容重、土壤团聚体和田间持水量）和土壤化学性质（土壤有机质、全氮、碱解氮、速效磷和速效钾的含量），并测定土壤中铜含量和四环素类抗性基因含量。探究不同投加量的生物炭对果园土壤理化性质的影响及对猪粪有机肥中铜和抗性基因的消减作用，为生物炭在实际环境中的应用提供理论依据。

5 试验测定项目与方法

5.1 土壤物理指标测定

通过烘干法测定土壤含水量；通过环刀法测定土壤容重；用干筛法测定土壤团聚体分布比例；用室内环刀法测定土壤田间持水量[1]。

5.2 土壤化学指标测定

土壤有机质采用重铬酸钾滴定法—外加热法测定其含量；全氮采用半微量开氏法测定；碱解氮采用碱解扩散法测定；速效磷采用碳酸氢钠法测定；速效钾采用火焰光度法测定[1]。

5.3 四环素和铜含量及抗性基因的提取与测定

四环素含量提取与测定：将土壤和植物样品分别置于 50mL 离心管中，加入 10mL 提取液（Na2EDTA - Mllvaine：甲醇＝1：1）。通过涡旋混匀 1min，并进行 20min 超声处理。然后以 3500 $r \cdot min^{-1}$离心 10min，并重复此步骤 3 次，将上清液合并。将合并的上清液进行两次正乙烷洗涤，每次使用 10mL 正乙烷，洗涤后进行离心，去除正乙烷。将洗涤后的上清液在 40℃下旋转蒸发至体积约为 12mL，进行固相萃取。首先，使用 6mL 甲醇和 6mL 超纯水依次活化固相萃取小柱。活化后，以 $1mL \cdot min^{-1}$的流速通过小柱进行提取液的处理。使用 5mL 5%甲醇淋洗小柱，再用 5mL 超纯水冲洗小柱。随后，用真空抽干法将小柱中的溶液抽滤 10min。最后，使用 5mL 甲醇溶液对小柱进行洗脱，收集洗脱液。将固相萃取得到的洗脱液使用氮吹仪浓缩至 1mL 左右，使用甲醇定容至 1mL。将溶液通过 0.22μm 有机滤头过滤后，使用高效液相色谱法（HPLC）进行测定[2]。以原始土壤生长的生菜进行质量控制，其回收率为 97.6%～99.2%。

四环素类抗生素抗性基因测定：采用 Step OnePlus 实时荧光定量 PCR 进行 Q - PCR 检测[3]。

Cu 含量提取与测定：将植物和土壤样品用硝酸、盐酸和氢氟酸消煮结束后用原子吸收分光光度法测定[4]，原始土壤生长的生菜进行质量控制，回收率为 96.4%～100.6%。

6　数据处理

运用 Excel 2016 进行数据处理；通过 Origin 2022 制作数据图；运用 DPS 软件进行单因素方差分析，并利用 LSD 多重比较法进行差异性显著分析（$P<0.05$）。

7　不同处理对土壤物理性质的影响

图 7－2（a）表明，土壤含水量和容重成反比关系。添加有机肥后，土壤含水量增大，增幅为 12.54%，容重降低，降幅为 13.05%；在添加 3kg 生物炭后，土壤容重降低更为显著，降幅为 18.61%，这说明土壤结构得到改善。但是随着生物炭添加量增多，土壤容重逐渐增大，这说明生物炭含量增大导致土壤含水量降低，使土壤容重增大。图 7－2（b）表明，添加有机肥和生物炭后，各处理田间持水量均显著增大，增幅分别为 19.17%、15.32%、18.83%和 14.98%，说明添加有机肥和生物炭后土壤保水能力增强，但是生物炭的添加量对田间持水量的影响差异并不显著。图 7－2（c）表明，所有处理>0.25mm 粒径的团聚体占比最多，为优势粒级。添加有机肥后，土壤>2mm 的团聚体含量显著增加，0.25～2mm 的团聚体显著降低。在添加生物炭后，<0.053mm 的团聚体含量显著增加，这可能是因为生物炭的添加导致小

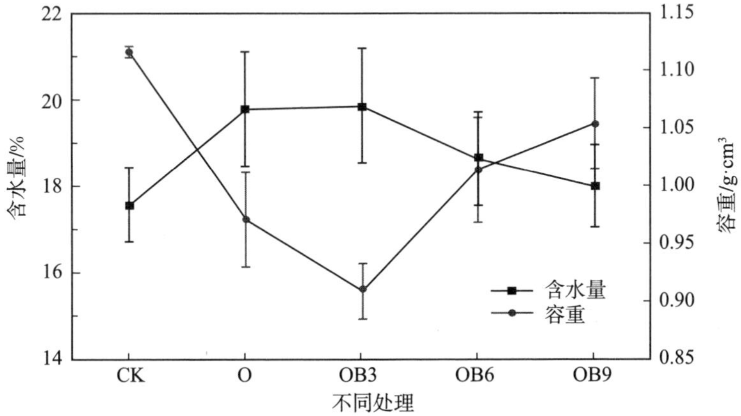

（a）不同处理对土壤含水量和容重的影响

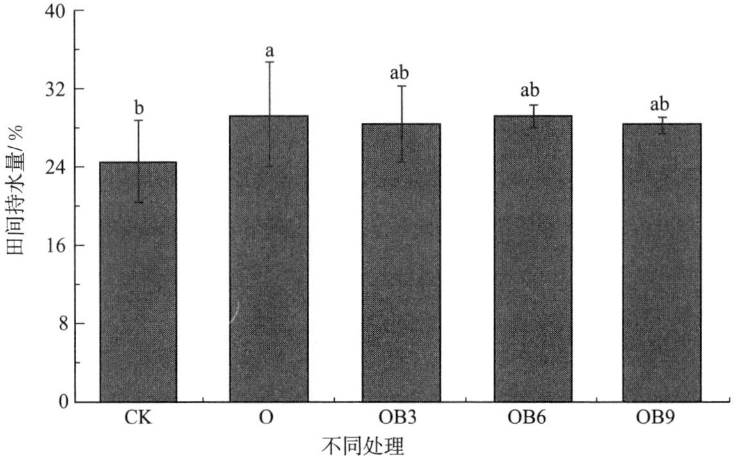

（b）不同处理对土壤田间持水量的影响

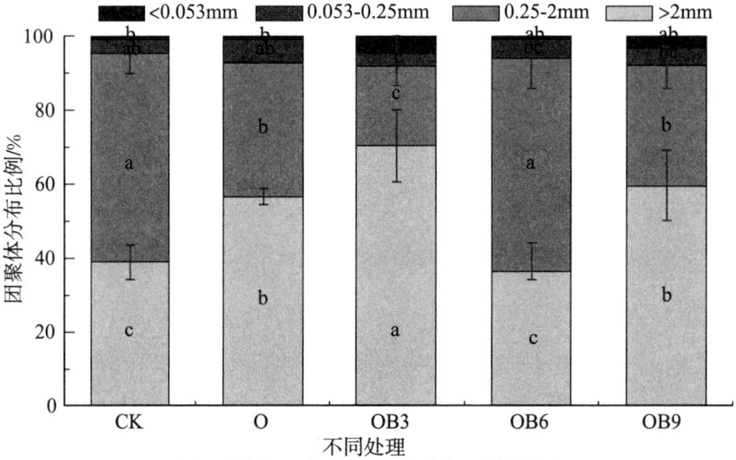

（c）不同处理对土壤团聚体分布比例的影响

图 7－2　不同处理对土壤物理性质的影响

粒径团聚体含量增加；0.053～0.25mm 的团聚体含量降低，＞2mm 的团聚体含量显著增加。这说明施用生物炭有利于土壤团聚体的形成。

8　不同处理对土壤化学性质的影响

由表 7－2 可知，与 CK 处理相比，添加有机肥可增加土壤全氮、有机质、碱解氮、速效磷和速效钾含量，但影响不显著，增幅分别为 22.33%、0.34%、13.61%、5.09%和 8.90%，对土壤化学性质的影响效果为全氮>碱解氮>速效钾>速效磷>有机质。但添加有机肥和生物炭后，土壤全氮、有机质、碱解氮、速效磷和速效钾含量显著增加（$P<0.05$），在添加 OB3 处理后，土壤全氮、有机质、碱解氮、速效磷和速效钾含量增幅分别为 61.17%、129.98%、50.67%、18.62%和 34.56%，对土壤化学性质的影响效果依次为有机质>全氮>碱解氮>速效钾>速效磷；在添加 OB6 处理后，土壤全氮、有机质、碱解氮、速效磷和速效钾含量增幅分别为 67.96%、183.64%、99.16%、107.30%和 67.63%，对土壤化学性质的影响效果依次为有机质>速效磷>碱解氮>全氮>速效钾；在添加 OB9 处理后，土壤全氮、有机质、碱解氮、速效磷和速效钾含量增幅分别为 96.15%、263.87%、158.32%、142.78%和 154.55%，对土壤化学性质的影响效果依次为有机质>碱解氮>速效钾>速效磷>全氮。表明随着生物炭投加量的增多，土壤有机质、全氮、碱解氮、速效磷和速效钾含量增加更为显著，其中，对土壤有机质含量的提高效果最为显著。

表 7-2　不同处理对土壤化学性质的影响

处理	全氮/($g \cdot kg^{-1}$)	有机质/($g \cdot kg^{-1}$)	碱解氮/($mg \cdot kg^{-1}$)	速效磷/($mg \cdot kg^{-1}$)	速效钾/($mg \cdot kg^{-1}$)
CK	1.03±0.20d	17.91±0.84d	123.43±5.44d	17.67±2.70 b	56.66±3.64d
O	1.26±0.19 c	17.97±5.66d	140.23±1.13d	18.57±1.70 b	61.70±3.73d
OB3	1.66±0.02 b	41.19±5.07 c	185.97±25.36 c	20.96±2.37 b	76.24±8.02 c
OB6	1.73±0.05 b	50.80±1.60 b	245.82±21.50 a	36.63±6.89 a	94.98±6.41 a
OB9	2.01±0.01 a	65.17±8.53 a	318.85±18.81 b	42.90±4.27 a	144.23±2.83 b

9　不同处理对土壤四环素、铜和抗性基因的影响

图 7-3（a）表明，与 CK 处理相比，添加有机肥后，土壤重金属铜含量显著增加（$P<0.05$），增幅为 50.83%；与添加有机肥相比，在添加生物炭后，土壤中的铜含量又显著降低，OB3、OB6 和 OB9 处理的降幅分别

为 17.56%、19.45%和 21.98%，并且随着生物炭投加量的增大，土壤铜含量降低更为显著。由此说明，谷子秸秆生物炭与有机肥配施，能够降低土壤重金属铜的含量，从而降低铜产生毒害作用的风险。各处理中四环素含量未检出。图 7-3（b）表明，与 CK 处理相比，添加有机肥后，土壤抗性基因丰度显著增加，ARGs 和 *intI*1 基因均被检测出来。与 O 处理相比，在添加生物炭后，可以有效减少土壤中 ARGs 和 *intI*1 基因的丰度，OB3 处理除 *tetW* 的丰度增加，*tetX*、*tetO*、*tetM*、*tetG*、*tetB* 和 *intI*1 的丰度均降低，OB6 和 OB9 处理 *tetX*、*tetW*、*tetO*、*tetM*、*tetG*、*tetB* 和 *intI*1 的丰度均降低，且 OB9 处理的抗性基因丰度降低最显著。说明生物炭和猪粪有机肥配施可显著降低土壤中抗性基因丰度，并且随着生物炭投加量的增多其改善效果更好。

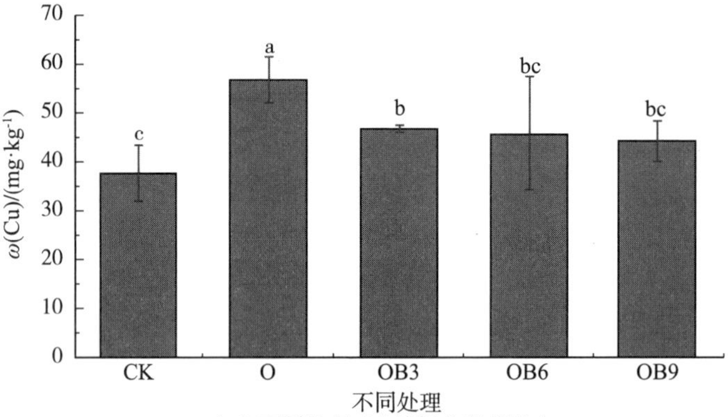

（a）不同处理对土壤铜含量的影响

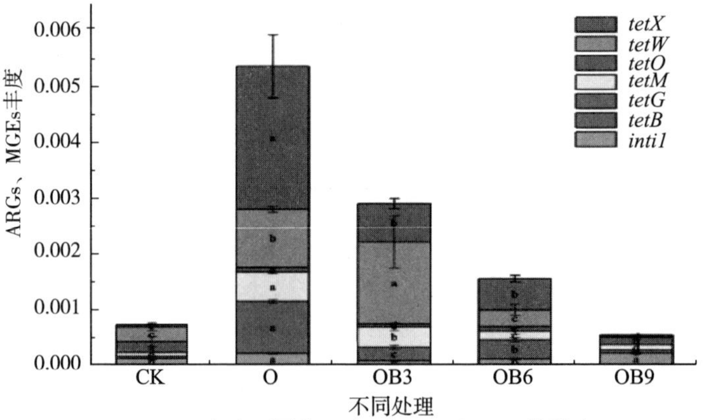

（b）不同处理对土壤ARGs和MGEs的影响

图 7-3　不同处理对土壤铜和抗性基因的影响

10　土壤理化性质与铜、抗性基因的相关性

图 7－4 为土壤理化性质与铜、抗性基因含量的相关性分析，可以看出，土壤含水量与 *tetM* 和 *tetW* 呈显著正相关，与 *tetO* 呈显著负相关（$P<0.05$）；土壤容重与 *tetO* 呈显著正相关（$P<0.05$）；土壤团聚体、田间持水量及化学性质与铜和抗性基因含量相关性不显著，但土壤化学性质均与铜和抗性基因含量呈负相关关系，说明土壤中铜和抗性基因含量的增加会降低土壤中化学性质，导致土壤养分含量减少。

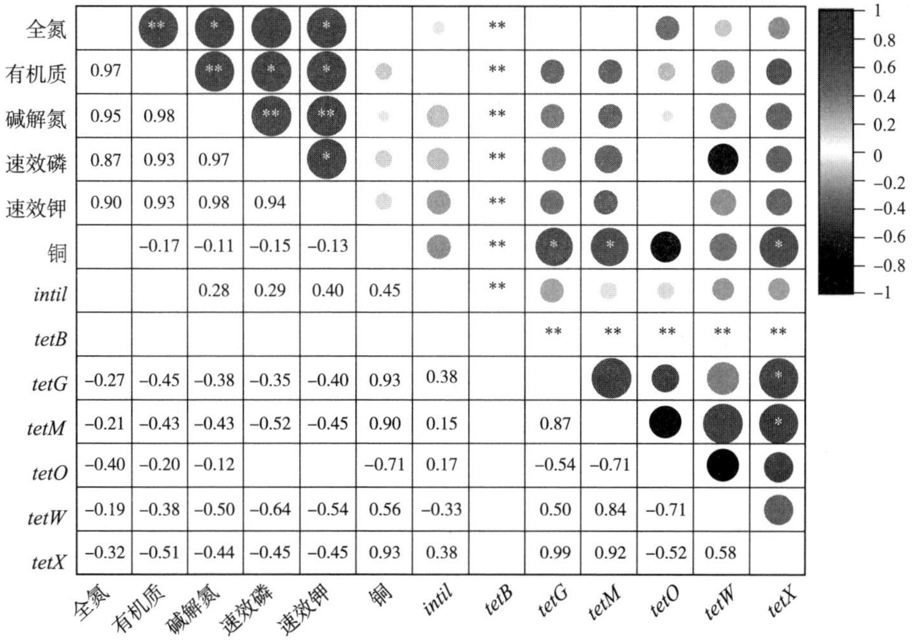

图 7－4　土壤理化性质与铜和抗性基因的相关性

注：* p≤0.05 ** p≤0.01。

11　讨论

目前国内外研究表明，生物炭除了针对污染物进行吸附的性质之外，生

物炭还可以提高土壤养分的有效性、保水性并达到提升作物产量的目的。李师等[5]指出生物炭可以吸附某些污染物，降低污染风险，保持土壤肥力。容重和含水量可以反映土壤透气性能和结构。单施猪粪有机肥和有机肥生物炭配施对土壤容重和含水量均有一定的改善作用，比较得出，添加 3kg 生物炭后，土壤容重降低最显著。这是因为生物炭含有羧基、羟基等与水通过氢键作用生成凝胶物质，对土壤黏粒发生吸附和团聚作用，促进土壤团聚体的形成，进而降低土壤容重[6]。随着生物炭添加量增多，对容重改善效果降低，这可能是因为其在反复吸水、释水过程中自身结构遭到破坏。团聚体是土壤的基本结构单位，团聚体的粉黏粒是固定土壤有机碳的重要成分，生物炭含有的无机矿物质可加快土壤颗粒形成质地良好的大团聚体，有利于有机碳的稳固吸附。李倩倩等[7]研究认为，生物炭施入土壤中对深层土壤的物理性质有显著影响，其中大于 0.25mm 的团聚体稳定性增强。这与本研究结果一致，但随着生物炭添加量的增多，对土壤团聚体改善效果不明显。这是因为过量的生物炭会导致土壤 pH 过高或不稳定，使土壤团聚体受到破坏，且过量的生物炭会导致土壤密度增加，土壤通气性变差，使土壤团聚体无法正常形成和维持。生物炭的效果在很大程度上取决于土壤类型、原料和生物炭的用量[8]。因此，在使用生物炭进行土壤改良时，需要根据具体土壤类型和生物炭特性来确定合适的添加量，避免过量使用导致不良影响。颜永毫等[9]发现土壤田间持水量增加程度与生物炭添加量存在正比例关系，生物炭添加量越大，土壤田间持水量增加程度越高。本研究生物炭添加量对土壤田间持水量的影响不显著，这可能是因为生物炭的种类不同，且土壤类型不一致。

生物炭不仅影响土壤的物理性质，还影响土壤的化学性质。土壤肥力的高低主要取决于有机质含量的多少，土壤碱解氮能反映出土壤近期内氮素供应情况，了解土壤中氮磷钾的含量对科学施肥和保证作物品质和产量有着积极的意义。有研究表明，生物炭对土壤养分含量有显著的提高作用[10-12]。本研究结果表明，生物炭与猪粪有机肥配施可显著提高土壤全氮、有机质、碱解氮、速效磷和速效钾含量，并且随着生物炭施用量的增加，对土壤全氮、有机质、碱解氮、速效磷和速效钾含量的改善效果越好。这是因为生物炭本身含有大量营养元素，可显著增加土壤养分含量，改善土壤养分环境[13]，并且生物炭的孔隙结构能有效提高土壤质量，提高土壤的养分含量，减少水肥流失[14]。施加9kg生物炭土壤有机质含量最高，主要源于生物炭投入量的增加。添加生物炭显著增加土壤碱解氮含量，主要原因在于施用生物炭后，提高了土壤对氮素的吸附[15]。邓晓[16]以椰壳生物炭对海南滨海土壤进行改良，速效钾含量得到显著提高。本试验结果施用不同添加量生物炭土壤的速效钾含量都呈升高的趋势，与邓晓的研究结果一致，可能是因为生物炭本身包含大量的可提取性钾，施入土壤之后增加了钾的输入[17]。本研究发现，随着生物炭用量的增加，土壤速效磷的含量逐渐提高，说明生物炭独特的结构（多孔性和比表面积较大）有利于减少土壤中速效磷养分的随水淋失。

猪粪中的重金属都源于饲料中微量元素的添加。研究表明，目前饲料添加微量元素比较混乱，微量元素的添加标准未能够得到较好的执行，需要加以有效管控，特别要加强对添加铜和锌的管控[18]。长期在农田土壤中施用猪粪有机肥会导致土壤重金属铜含量的增加，从而增加土壤污染的风险。也有研究表明，长期施用猪粪的土壤中四环素类抗生素明显积累，抗生素抗性基因相对丰度显著提高，说明长期施用猪粪会造成稻田表层土壤的抗生素积累及抗生素抗性基因污染[19]。本研究也发现，单施猪粪有机肥使果园土壤铜含量和四环素类抗生素抗性基因含量显著增加，但生物炭与有机肥配施后，土壤铜含量和抗性基因含量显著降低，且随着生物炭投加量的增加，其改善效果更明显。说明生物炭可有效吸附土壤中重金属和抗性基因含量，从而降低施用有机肥带来的土壤污染风险。也有许多研究与本研究结果一致，这是因为生物炭比表面积高且官能团丰富，从而降解土壤中的污染物。

12 结论

（1）添加有机肥可改善土壤容重，在添加3kg生物炭后，土壤容重降低更为显著，但是随着生物炭添加量增多，土壤容重改善效果降低，且施用生物炭有利于土壤团聚体的形成。

（2）添加有机肥和生物炭后，土壤全氮、有机质、碱解氮、速效磷和速效钾含量显著增加。随着生物炭投加量的增多，对以上指标的影响效果更为显著，且有机肥对土壤全氮的影响效果更好，生物炭和有机肥配施对土壤有机质的影响效果更好。

（3）生物炭与有机肥配施，能够降低土壤重金属铜产生毒害作用的风险，也可显著降低土壤中抗性基因丰度，并且随着生物炭投加量的增多其改善效果更好。

（4）土壤化学性质均与铜和抗性基因含量呈负相关关系，说明土壤中铜和抗性基因含量的增加会降低土壤化学性质，导致土壤养分含量减少。

参考文献

［1］鲍士旦．土壤农化分析［M］．北京：中国农业出版社，2000.

［2］朱健，韦时宏，范菲菲．高效液相色谱法检测黄壤中土霉素残留［J］．东北农业大学学报，2013，44（11）：62－67.

［3］王丽丽，李安婕，张传国．17α－乙炔雌二醇胁迫下零价铁对硝化污泥中抗性基因的影响［J］．中国环境科学，2024，44（1）：548－554.

［4］陈凯．蚯蚓对土壤中恩诺沙星的降解和铜生物有效性的影响［D］．沈阳：沈阳农业大学，2021.

［5］李师，周凤钰．生物炭对农田固碳减排及提高作物产量［J］．乡村科技，2022，13（22）：154－158.

［6］冯俊义，赵萌萌，谭菁等．四种环境材料单施对煤矿区土壤结构和性状的影响研究［J］．农业资源与环境学报，2024，41（1）：72－82.

［7］李倩倩，许晨阳，耿增超，等．生物炭对塿土土壤容重和团聚体的影响［J］．环境科学，2019，40（7），3388－3396.

［8］Yang C D，Lu S G. Effects of five different biochars on aggregation，water retention and mechanical properties of paddy soil：A field experiment of three－season crops［J］．Soil Tillage Res.，2021（205）：104798.

［9］颜永毫，郑纪勇，张兴昌，等．生物炭添加对黄土高原典型土壤田间持水量的影响［J］．水土保持学报，2013，27（4），120－124＋190.

［10］Mehmood S，Ahmed W，Mahmood M，et al. Aquaculture sediments amended with biochar improved soil health and plant growth in a degraded soil［J］．Mar. Pollut. Bull.，2023（191）：114899.

［11］Zhang C，Zhao X，Liang A，et al. Insight into the soil aggregate－mediated restoration mechanism of degraded black soil via biochar addition：Emphasizing the driving role of core microbial communities and nutrient cycling [J]. Environ. Res., 2023 (228): 115895.

[12] Li H, Liu Y, Jiao X, et al. Response of soil nutrients retention and rice growth to biochar in straw returning paddy fields [J]. Chemosphere, 2023 (312): 137244.

[13] 袁晶晶，同延安，卢绍辉，等．生物炭与氮肥配施对土壤肥力及红枣产量、品质的影响 [J]．植物营养与肥料学报，2017，23 (2)：468-475.

[14] 张娟，吴丹丹．生物炭对土壤肥料的作用及未来研究 [J]．现代农业研究，2020 (12)：29-31.

[15] 苏航．生物炭与氮肥配施对黑土土壤理化性质与水稻生长及产量的影响 [D]．哈尔滨：东北农业大学，2023.

[16] 邓晓，武春媛，杨桂生，等．椰壳生物炭对海南滨海土壤的改良效果 [J]．生态环境学报，2022，31 (4)：723-731.

[17] Xiu L, Gu W, Sun Y, et al. The fate and supply capacity of potassium in biochar used in agriculture [J]. Sci. Total Environ., 2023 (902): 165969.

[18] 任玉琴，黄娟，饶凤琴，等．浙江省重点地区猪粪中重金属含量及安全施用评估 [J]．植物营养与肥料学报，2018，24 (3)：703-711.

[19] 楼晨露．长期定量施用猪粪稻田土壤中典型抗生素及其抗性基因污染研究 [D]．杭州：浙江大学，2016.

第 8 章 结论与展望

1 结论

本研究采用生物炭、菌糠和蚯蚓粪三种基质对土霉素、四环素单质污染土壤进行修复，从以上研究结果中选择一种修复效果最佳基质（生物炭）进一步与苹果枝条、谷子秸秆生物炭对重金属和抗生素复合污染土壤进行修复。具体结论如下：

1.1 施用含四环素类抗生素鸡粪对玉米生长的影响及其残留特征

（1）添加鸡粪Ⅱ处理对玉米的株高、根长以及茎叶、根和籽粒的干质量、CCI 的抑制作用大于添加鸡粪Ⅰ处理，并且鸡粪质量分数的增加可减少抗生素对玉米生长的抑制作用。

（2）玉米植株均不同程度残留了四环素、土霉素和金霉素，玉米根、茎、叶和籽粒各部位全部残留了四环素，玉米根、茎和叶残留了土霉素，未迁移至籽粒中，玉米茎、叶和籽粒残留了金霉素，未在根部残留，玉米吸收抗生素的总量表现为：四环素＞金霉素＞土霉素。土壤抗生素的残留特征总趋势为四环素＞土霉素＞金霉素。

1.2 不同基质对土壤和玉米中土霉素残留及玉米生长的影响

（1）土霉素会显著提高玉米生育期脯氨酸和可溶性糖的含量，施入不同类型基质均能在一定程度上减少玉米脯氨酸和可溶性糖含量。在所有基质处理中，菌剂配施蚯蚓粪和单施菌糠处理降幅最为显著。

（2）土霉素显著抑制了土壤过氧化氢酶活性、微生物量碳和阳离子交换量，而土霉素对土壤肥力指标的影响并不敏感。总趋势可见，单施菌糠和菌剂以及菌剂配施不同基质均可提高土壤酶活性和微生物量碳氮。

（3）所有处理的玉米根、茎、叶和籽粒器官中均残留了土霉素。玉米对土霉素的富集主要集中于根部，不同器官残留量总体趋势为根＞茎＞叶＞籽粒，在玉米根部JS、QY和JQ处理的土霉素残留量最大。不同基质均能在一定程度上缓解土霉素对玉米和土壤的影响，其中，生物炭配施菌剂处理效果最为显著。

1.3 不同基质对四环素污染土壤理化性质及四环素向玉米体系迁移的影响

（1）添加不同基质处理均能有效缓解其对玉米生长的毒害作用，其中JQ、JJ和JS处理效果显著，添加不同基质后细胞通过抗氧化酶的协同作用共同抵抗TC胁迫，其中QY和JQ处理对促进抗氧化酶系统平衡的效果最显著。

（2）添加各种基质均能不同程度提高土壤酶活性，其中，JK和JJ处理的土壤酶活性在玉米三个生育期均较高。添加不同基质处理，JJ处理能有效提高土壤微生物量碳氮含量，且对土壤养分也有显著的促进作用。

（3）添加不同基质均能不同程度地缓解TC对玉米生长的抑制作用，减少TC及ARGs在土壤—植物体系的残留，其中S、JS和JJ处理效果较好。生物炭单施或与菌剂配施对减少抗生素残留、减少抗性基因丰度效果最佳。

1.4 生物炭对土霉素—镉复合污染土壤微环境及小白菜生长的影响

（1）OTC-Cd复合污染胁迫可破坏小白菜抗氧化防御系统，降低小白菜可溶性糖、维生素C含量，提高硝酸盐含量，而施用生物炭可提高可溶性糖、维生素C含量，降低硝酸盐含量；OTC-Cd复合污染对小白菜的氮、磷、钾含量影响不大。

（2）添加生物炭可提高土壤酶活性、速效磷、有机质和阳离子交换量。总体来看，改性谷子秸秆生物炭（PM）的酶活性和养分增幅效果最显著。

（3）添加生物炭可显著降低土壤中有效态Cd含量，使可交换态Cd向有机态和残渣态Cd转变，并降低土壤及小白菜组织中Cd、OTC含量及ARGs的相对丰度，生物炭可提高变形菌门（Proteobacteria）、浮霉菌门（Planctomycetes）、芽单胞菌门（Gemmatimonadetes）和厚壁菌门（Firmicutes）的相对丰度，其改性谷子秸秆生物炭效果更佳。

1.5 生物炭对四环素和铜复合污染土壤、生菜生长及其污染物累积的影响

（1）改性生物炭的比表面积、平均孔径和总孔隙体积均比原生物炭大，芳香型结构增强，官能团增多，使改性生物炭通过 π - π 相互作用、静电相互作用和化学键的形式为吸附提供更多的活性位点，从而提高改性谷子秸秆生物炭对四环素和铜的吸附性能。

（2）添加生物炭使土壤脲酶、过氧化氢酶、蔗糖酶和碱性磷酸酶活性增加；添加改性生物炭能够降低土壤四环素、抗性基因和铜的含量，并且使土壤中的可交换铜离子向稳定态转化，从而阻止铜在土壤中的迁移。

（3）添加改性生物炭可显著降低生菜四环素和铜的累积，促进生菜生长，并且阻止四环素和铜从生菜地下部向地上部的转移，改性生物炭的添加可有效减少生菜 *ARGs* 和 *intI*1 基因的丰度。

1.6 生物炭配施有机肥对果园土壤的影响

（1）添加有机肥和生物炭对土壤全氮、有机质、碱解氮、速效磷、速效钾含量显著增加，随着生物炭投加量的增多，对以上指标的影响效果更为显著。

（2）生物炭与有机肥配施，显著降低了土壤重金属铜和抗性基因丰度，并且随着生物炭投加量的增多其改善效果更好；土壤化学性质均与铜和抗性基因含量呈负相关关系，说明土壤中铜和抗性基因的存在可影响土壤养分。

2 展望

（1）本书仅围绕生物炭对土霉素和四环素、重金属镉和铜的修复效果进行了研究，对于其他类型抗生素及重金属仍需要进行探讨，了解生物炭对更多污染物的修复作用。同时，在污染修复机理方面有所欠缺，应综合利用各种现代分析测试技术，更深入地对修复机理进行探讨。

（2）可用于大面积推广的修复技术还十分欠缺，修复的稳定性及应用性

仍有待加强，因此，后期可连续几年施用生物炭来观察其修复作用，并深入研究其潜在的毒性效应机制，为材料的大规模推广应用奠定基础。

（3）本书仅对果园土壤进行了研究，未来可考虑探究生物炭对其他蔬菜及粮食作物土壤中抗生素—重金属复合污染的修复效果，进一步提高农作物品质，提升土壤健康水平，促进农业的可持续发展和生态环境保护。

已发表的与本专著相关论文

[1] Qin JM, Li JX, Pei HH, Li QH, Cheng DM, Zhou J, Pei GP, Wang YY, Liu FW. Effective remediation and phytotoxicity assessment of oxytetracycline and Cd co-contaminated soil using biochar [J]. Environmental Technology & Innovation, 2024 (35): 103649.

[2] Qin JM, Song JL, Liu FW, Zhang J, Xiong HY, Bi WL, Ni Y. Reducing residues of tetracycline and its resistance genes in soil-maize system and improving plant growth: Selecting the best remediation substance [J]. Pedosphere, 2022, 32 (2): 268-282.

[3] 秦俊梅，李嘉欣，宋建丽，运佳兴，熊华烨，刘奋武，张健，毕文龙．不同修复基质对外源四环素污染土壤酶活性及微生物量碳氮的影响 [J]. 应用与环境生物学报，2021，27 (6): 1500-1508.

[4] Qin JM, Xiong HY, Ma HT, Li ZJ. Effects of different fertilizers on residues of oxytetracycline and microbial activity in soil [J]. Environmental Science and Pollution Research, 2019, 26 (1): 161-170.

[5] 秦俊梅，熊华烨，李兆君．施用含四环素类抗生素鸡粪对玉米生长的影响及其残留特征 [J]. 灌溉排水学报，2018，37 (9): 22-28.

[6] 秦俊梅，熊华烨．环丙沙星对玉米生长的影响及其累积残留特征 [J]. 山西农业大学学报（自然科学版），2017，37 (2): 77-82.

[7] 秦俊梅，刘奋武，周俊，卜玉山．山西省典型土壤对重金属 Cu、Zn 和 Pb 等温吸附特征及应用 [J]. 中国农业大学学报，2013，18 (4): 52-58.

[8] 秦俊梅，胡可，马祥爱，郭晋．山西省典型土壤施入含四环素鸡粪对玉米生长的影响 [J]. 山西农业大学学报（自然科学版），2013，33 (1): 82-87.

[9] 秦俊梅，卜玉山，李兆君，郭晋．土霉素胁迫对大豆和小麦幼苗生长的影响 [J]. 山西农业大学学报（自然科学版），2012，32 (2): 103-106.

[10] 郑晨格，裴欢欢，张亚珊，李嘉欣，刘奋武，乔星星，秦俊梅．生物炭对四环素和铜复合污染土壤生菜生长及污染物累积的影响 [J]. 环境科学，2024，45 (5): 3037-3046.

[11] 宋建丽，秦俊梅，熊华烨，张健，倪月．添加不同基质对含四环素土壤玉米幼苗生理

特性的影响［J］. 水土保持学报，2019，33（2）：342-349.

［12］熊华烨，秦俊梅，马浩天．含土霉素土壤添加不同基质后对玉米生理特性的影响［J］. 水土保持学报，2018，32（2）：283-289.

［13］Tong ZY，Liu FW，Rajagopalan UM，Sun B，Tian Y，Zuo QH，Zhang JZ，Duan JZ，Bi WL，Qin JM，Xu SZ. Effect of Biochar-Containing Compost on Cucumber Quality and Antibiotic Resistance Genes Abundance in Soil-Cucumber System［J］. Sustainability，2023（15）：9563.

［14］Tong ZY，Liu FW，Sun B，Tian Y，Zhang JZ，Duan JZ，Bi WL，Qin JM，Xu SZ. Effect of biochars with different particle sizes on fates of antibiotics and antibiotic resistance genes during composting of swine manure［J］. Bioresource Technology，2023（370）：128542.

［15］Tong ZY，Liu FW，Tian Y，Zhang J，Liu H，Duan JZ，Bi WL，Qin JM，Xu SZ. Effect of biochar on antibiotics and antibiotic resistance genes variations during co-composting of pig manure and corn straw［J］. Frontiers in Bioengineering and Biotechnology，2022（10）：960476.